浜田久美子

森のゆくえ

林業と森の豊かさの共存

コモンズ

もくじ●森のゆくえ――林業と森の豊かさの共存

第7章 山も元気になる家づくり

森のゆくえ●林業と森の豊かさの共存

序章　オトナの宿題

♪夢 物 語

「オトナはいいなあ、宿題がなくて」

子どものころ、たしかにそう思ったことがある。でも、実際に自分がオトナになってみると、意外にもいろんな宿題がオトナにもあることを知った。

仕事の課題や締め切りなどという、目の前に積まれる即対応しなければならない現実的なものが、もちろんある。けれど、それとは別に、誰かから強要されたわけでもないのに、自分なりに「解かなければならない、気がすまない」という〝宿題〟が現れるのがオトナというものなんだと、よく気づかされている。

この四年ほど、一筋縄ではいかない宿題として私のなかにどっかりといすわってきたものがある。正確に言えば、森林について書くようになってからずっと私のなかにあり続けた大きなテーマでもある。それは、〈木材を収穫し続け、それでいて生きものも植物も豊かであり、かつ、そこにいることが幸せな気持ちになれる森は可能なのか?〉だ。

日本は量も種類も本当に植物の豊かな国なので、人工林に限らなければ、それぞれ——木材、生きもの、気持ちよさ——だけの追求は「可能かも」と思う(それでも、「かも」と断言できないところがミソだ)。でも、私が宿題としてかかえてしまったのは、人工林でこの三つの状態を同時に兼ね備えることは可能なのかどうか、だった。

ずっと以前は、これは「素人の絵空事、夢物語」とやや自嘲気味に思い、口にするのもはばかられていた。私が木に出会って以来、個人的に強く望む木や森の姿は、一〇年ほど前から身近にふれるようになった林業となかなか相容れないからだ。

林業が、木材という商品をつくり、売る産業である以上いたしかたないのかもしれない、と自分に言い聞かせることが一番多い対処方法だった。なにしろ、産業なのだ。経済なのだ。商品たる木材が問題なのであって、植えた木以外の植物や、さらには木に害を及ぼしかねない動物や虫がそこにいればいいなんて、何をバカなことを、という反応もけっこうされた。ましてや、そこが気持ちのいい森であることを望むなんて、これだから街の人間は困るよ!と言われたりもした。ここは公園じゃなくて木材つくる山だ、とか。ちょっと違う文脈だったが、「ヒマな奥さんの余技につきあっていられない」と言われたことだってある!

一方、「ああ、やっぱりそういう(三つがそろう)人工林だってあるんだなあ」と思えることも、ままあった。正確に言えば、その人工林にどれだけ生きものが豊富なのか、木材が再生産できているのかを私が検証したわけではない。でも、植林された木とともに他の植物相が豊かであれば、確実に生きものの豊かさを感じられる。そして、なんとも気持ちのいい「森」だった。そう、そういう人工林は、「ああ、いい森だなあ」と自然に口に出るというのが私の実感だ。森のような人工林(ヘンな表現だが)は、たしかにあった。

振り返ってみると、それは個人の山が多かった(森と山はほとんど同義で、この後も混在する。全体の文脈上、一般的には森と記し、個別の森林のときには誰の山、どこの山と表現する場合が多い。日本の林業現場では「山」が共通語だから)。代々の森林経営者もいれば、森林経営がメインではない方もいたけれど、共通しているのは森林の扱いに対して一貫した働きかけができる人たち。つまり、自分の裁量で山づくりをしている人たちの山は、違いは個々にあれども、私の望むような森の姿に近かったのだ。それらを見ると、「できるんじゃないのかなあ」とまたぞろ思ってしまう。

ただし、割合からいけば、残念ながらそういう森と呼びたくなる人工林は少数派だった。なぜなら、長い時間をかけた一貫した山づくりができるということがそもそもいまの日本では少ないからだ。そして、森林所有者の多くは、自分の山がどこにあるのかさえわからなくなっている。

♪大きなギャップ

一方、森林には木材という存在があることを、街ではほとんど意識しなくなっていると強く感じ続けてきた。そもそも、私自身がそうだったから。一般的に林業が遠い存在である日本では、地球規模の環境問題からも、森林はひたすら環境を守るためのもののように捉えられている。さらに近年は、「癒し」がそこに大きく登場してきた。ますます林業は遠のく。最近、こんなエピソードにぶつかった。

ある大学の森林科学科の女子大生の話だ。彼女自身も森の癒す力を勉強したくて森林科学科を選んだそうだが、いざ入ってみると、実習などで出かける山村では、癒しどころではない。逼迫した林業の複雑な経済問題や地域問題などにぶつかった。それらは彼女がまったく知らなかった世界だ。ところが、彼女が森林を勉強していると街で言うと、まわりの人たちには「あぁ、癒しね」と言われるという。そして彼らは、香りだったり、グッズだったり、なんとか森から癒しを引っ張り出そうとしているように感じるそうだ。エゴイスティックなまでに。

森という存在に対して、まったく異なる捉え方があり、双方の相容れなさに彼女が強くとまどっている印象を私がもったのは、それが私自身のとまどいでもあったからだ。どんな事象だって、立場やかかわり方でまったく異なるものに見えたり感じたりする。それはよくわかっているつもりだが、それにしても森林に対してのこの見方・捉え方のギャップの大きさはやはりスゴイものがある。

そして、数から言えば、森林における木材の役割をほとんど意識にのぼらせないまま、「森は大切だ」と思う人のほうが多数派だ。そういう多数派に「どうやって大切にするのがいいのか?」と問えば、「木を伐らない」「なるべく木を使わずに資源を守る」と答えることが多い。

そう考える流れは私なりに想像でき、納得してしまう。得られる情報が偏っているのだ。私たちがふだん見聞きする森林の情報は圧倒的に、危機的な地球規模の森林破壊や減少の問題である。日本の農山村の山々で木がみっしりと静かに混んでいっている状況は、あまり報道されない。耳目の引き方が違う。当然、そこでミスマッチが起きる。林業と縁がない圧倒的多数に、「木を大切にしなきゃ。あまり使わないで、伐らないのがいい」と感じさせるには十分な流れになっている。

温暖で年間雨量の多い日本は、地形の急峻さや災害の多さというデメリットをかかえながらも、森林の生育にとても恵まれた国だ。その日本が、自分の国の森林の木を使わずに、決して再生がしやすいとは言えない国々の森林や原生林の木材を輸入している。国際的に見ても木材の使用量は多く、輸入材が占める割合は八二%だ(二〇〇五年)。それでいて、自国の森林は混みすぎて荒れている。戦後に植林した人工林の木々も、燃料や資材として使われなくなった里山の木々も、一九六〇年ごろを境に人びとがさまざまに使ってきたサイクルを手放したために、たまる一方なのだ。

つまり、まことに珍しいことに、世界中がおおむね森林の減少や破壊に頭を痛めているなかで、日本だけは、木々がありすぎて森が荒れる状況に頭を痛めているのだった。ただし、頭を痛めているのはごく一部の人たちにすぎない。森林の木材としての位置づけを知らない、自覚できない人たちのほうが多数派だからだ。日本の山々に木があるという事実をごく当たり前と思い、それは「あればよい」ことで、「伐るのがいいのか、悪いのか」などという問題があることは意識されない。ましてや、その木材を自分が使う、使わないのレベルなんて、想像だにできないのではないか。

なぜなら、いまの自分たちの暮らしには、なんら木を使うことがないから、実感がまったくもてない。経験と実感が決定的に、いまの日本には乏しい。

♪フクロウと林業の共存

では、林業の側にこれまで、広い意味での森林環境に対する配慮があっただろうか？　心癒される側面をなにかしら意識してきただろうか？　そう問われれば、答えに窮してしまう。一方で、私たち一般人は森林の見た目や、そこから醸される良いイメージだけでこと足りてしまう。その乖離の大きさからも、夢物語の人工林が「当たり前」「日本の森のふつう」になるとは思えずにきた。数年前までは。それが「自分の宿題」におさまったのは、〇二年と〇三年のスウェーデン訪問に端を発する。

林業国・森の国のスウェーデンでは人と森とはどんなかかわりをしているものか?という素朴な問いをかかえて出かけたその旅で、日本では絵空事かと思っていた森の姿が「あるべき森の姿」として目標に据えられ、現実に動いていることに、大きなショックを受けた。その詳細は拙著『スウェーデン 森と暮らす——木と森にかこまれた豊かな日々』(全国林業改良普及協会、二〇〇三年)をお読みいただきたいが、いくつかのことを書かなければ話が始まらない。

スウェーデンでは七〇年ごろに機械力頼みの林業が進み、平坦地の利点ゆえに大規模・大面積の収奪型の林業をやっていた時期がある。一網打尽の皆伐で、まさに蹂躙《じゅうりん》されたような荒れた伐採跡地が広大に広がっていたという。

日ごろから森に親しんできたスウェーデンの一般市民は、これを許さなかった。そのような収奪型の林業で得られる木材を買わないように、最大の消費国であるイギリスやドイツに働きかけるという市民運動が起こる。それらの国々も呼びかけに呼応したことで、林業界は自己変革を余儀なくされる。商品たる木材が買われないのでは困る、という現実的路線から変わったのだが、それがいまに至る環境型林業への転機だった。八〇年代のことだ。

それから約二〇年を経たスウェーデンでは、環境に配慮した林業がわかりやすい形で伝えられていた。「生きものの豊かさ」とか「環境に配慮する」という抽象的な表現が、具体的な現場での実践にしっかり反映されていたのだ。

たとえば、スウェーデンの林業がめざす森の姿は、フクロウが棲む森だ。なぜフクロウなのか？　それは、フクロウが猛禽《もうきん》類だから。生きものたちのなかで、食物連鎖のトップに位置しているから。フクロウが暮らせる森には、フクロウのエサになる鳥や小動物がいる。そういう鳥や小動物がいれば、彼らのエサになる虫が豊富にいる。それは、枯れ木が林内に残っていて、かつ多層な段階の植物集団があることを表す。つまり、生きものの連鎖が裾野広く、多様で豊富なことの〈しるし〉とされるのだ。

天然林や自然保護地区の森ではなく、木材を得るための林業を営む森でそのような多様で多層な姿がめざされ、かつ実践されている。それも、モデル林としてではない。それが標準としてであり、実際に林業がそのように行われている。その衝撃は甚大だった。

具体的に何をどうしたのかといえば、収穫したい目あての木材だけを一斉に育てて効率的に伐って売るというやり方——日本の戦後の単一人工林づくりのように——を変えたのだ。収穫する木材だけでなく、その森の植生も生きものも増やし、森としての全体的な豊かさ、生態系の豊かさを向上させる林業経営にしていった。

単一林にしないといっても、伐採跡地には針葉樹の植林をする。ただし、伐採のときに必ず母樹(種を落とす木)を何本も点在するように残す。この場合、針葉樹——スプルース(トウヒ)やパイン(ヨーロッパアカマツ)という針葉樹がスウェーデンの森を占める主要樹木——と広葉樹(おもにカバ類)をともに残すのだ。すると、植林した針葉樹の間に、針葉樹と広葉樹の母樹から落ちた種が時期もバラバラに生えて育つ。森の中は、異なる年齢の(木の年齢は林齢という、一〇年生《せい》とか一〇〇年生などという表現をする)針葉樹と広葉樹が広がる状態になるのだ。

さらに、鳥が落とした種だったり、小動物が忘れていった種だったり、風で飛んできたり、とにかく後から生えてきた他の樹種を駆除しないでおけば、育てたい木々とともに、いろんな樹種がいろんな年齢で育つ。日本の人工林のように整然と一列に並ぶのではなく、自然な姿に近くなる。

♪自然度の高い森をつくるためのわかりやすい目標

もっと驚いたのは、枯れ木を重視し、わざわざ枯れ木を増やしていく手法だった。自然の森には本来多数ある枯れ木は、生きものの多様性にはとても重要な役割をもっている。そこに虫が入り込んで鳥たちの餌になったり、巣になるからだ。大木ならば哺乳類の巣にもなる。日本では、いまでも一般的な林業経営からいけば、病気や虫の被害を起こす可能性が高くなるから枯れ木は取り除くべきものとされている。ところがスウェーデンでは、森を自然に近づけるという点から、人工林においても枯れ木を残すのみならず、わざわざ生きている木まで枯れ木にするのだ。

枯れ木が点在するスウェーデンの森

実は説明を聞くまで、森にある不思議なオブジェが気になっていた。高さは五メートルぐらいだろうか。頭の部分をカットされ、かつ、枝もちょんちょんと適当に切られたトーテムポールのようなものが、伐採跡の森に点在しているのだ。このトーテムポールが枯れ木にされたものだという説明を聞いたときは、本当に驚いた。わざわざ虫がよってくるようにそこまでするのか！

しかし、さらに驚いたのはその後だ。森林の専門家が言った。

「現在の枯れ木は一ヘクタールあたり二m³程度しか残せていません。自然の森にはだいたい(一ヘクタールあたり)五〇m³ぐらいの枯れ木があるので、まだまだです」

繰り返すが、これはモデル的に行われているのではない。ふつうの人工林づくりになっている。そのことがものすごく衝撃的だったのだ。

素人にもわかりやすい目標として、フクロウが棲める森をめざす。その目標に至るプロセスには、いろんな指標をもつ。虫や小動物が来るようにすること、そのために母樹を残し、異年齢の異なる樹種が育つようにすること、枯れ木を明確に意図をもって残し、さらにはつくること……。誰にでもわかりやすいこれらの目標と指標は、現場で作業をする人たちにも共有しやすい。

一方、伐採直前の一〇〇～一二〇年生ぐらいの森に行ったとき、これが人工林の森なのかと驚嘆してしまったことがある。ベルベットのじゅうたんのように、見た目に柔らかそうな印象の下草は、ブルーベリーなどのベリー類や苔で覆われている。決して猛々しくない。その草の海から唐突に顔を出すつややかな光沢のキノコが点在するさまは、ディズニー映画で見た白雪姫が七人の小人と森で過ごす場面を思い出させた。メルヘンチックなのだ。

十分な間隔をあけて立っている針葉樹は、日本の一〇〇年生のスギほどの太さにはとても育たないけれど、それでも一抱え近くはあって、やはり敬意を表さずにはいられない存在感に満ちている。倒木は苔に覆われ、ひとつのオブジェのようだった。そういう森全体から醸し出される気配には、しんと心が澄んでいく厳《おごそ》かさがあった。

最初は、それが林業の森だとは思いもしなかった。天然の森なのだと当然思い、念のために確認して、「いいえ、林業をしている森よ」と言われたときの驚き。

頭《こうべ》を垂れたくなるような森が、林業という営みの結果として、一〇〇年という単位でゆっくりと動き、巡り続けている。そして、それがごく一般的なスウェーデン林業の形となっていることに深く胸をうたれた。「こんなふうにできるものなんだ」と。

いくら母樹を残しても、枯れ木を増やしても、伐採直後の状態が「美しい」とは決して言えない。だが、こういう一〇〇年生の人工林があることで、彼らの仕事を、時間の経過そのものを信頼できる。伐採跡地を前にして、〈いまはこんなに寒々とした光景だけれど、また生きものの豊かな美しい森づくりが始まるのだな〉と思わせてくれる。

人工でありながら自然度の高い森をつくっているスウェーデンを旅して、強く私にインプットされたのは、人工林のなかでの生きものの存在と、長い時間のめぐる感覚だ。そして、総論を実践にうつすのに必要なのは具体的で現実的な目標と指標なのだと痛感した。

もう一つ、とてもうらやましいと思ったのは、個人の森林所有者に対するコンサルティングの仕組みだ。日本で言えば森林組合にあたる森林所有者のための組織が、所有者の山の現状を調査し、今後の作業(山では施業という)の方針をわかりやすく図示してファイルにする。木材の売りどきのアドバイスもする。当然、それにはお金を払っているが、こうした実際に即したアドバイスがされれば、なんとも心強いではないか。

実は、日本でも「画期的に」そのようなことを始めた森林組合が京都府日吉《ひよし》町にある。それは第8章に詳しいが、原稿を読んだ編集者が不思議そうに私に質した。

「それって当たり前のことでしょう？　森林組合はそういうことをするものじゃないんです

か?」

そう問われて、日吉町のケースがいかに珍しいかを説明しなければならないことが、いまの日本の森林をめぐる現状を端的に物語るなとあらためて思った。そう、日本では、そこが機能していない。

日本では〇一年に林業基本法が森林・林業基本法に改正され、大きな方針転換がされたと言われている。それまでの木材生産に特化された内容から、森林環境、生態系、人とのかかわりなどを明記して、それらを重視して木材生産が行われることが謳われるようになった。

その総論には、もちろん賛成である。でも、過去に行ってきたやり方から大きく変えているのだ。それをどうやって周知し、徹底させるのだろうか? これまでとは異なる森づくりへ、どう移行させるのだろうか? 政策を現場の実践へと行き渡らせるためには、所有者と現場で仕事する人たちへの周知、そしてわかりやすい具体的手法が必要ではないのか? そこがなかなかわからない。

そう思っていたころスウェーデンに行ったので、そのわかりやすさ、具体的で現実的な実績の数々にやられてしまった。〈いいなあ、日本もそうならないかなあ〉と。もちろん、彼らの変化はすでに二〇年もの蓄積がある。日本はようやくこの数年に始まった変化だ。一足飛びには行かないのはわかる。それに、日本とスウェーデンの違いは大きい。風土も制度も仕組みもあまりにかけ離れているので、「そのままマネるお手本」にはなりえないことも、またよくわかった。

山国・日本とは正反対に国土が平坦で、高性能で大型の機械を駆使した省力型林業を行えるという有利性。寒冷地のために植生が乏しく、結果的に日本においてはとても手間がかかる作業——真夏の炎天下での下刈りや木を絞めつけるツルを取り除くなど——が不要になるという効率性と経済性の高さ。国の基幹産業としての位置づけ……。

そして、なによりも林業が経済としてまわっているのだ。だから、森林経営がきちんと行われ、そこには環境配慮が欠かせない。いまや、あらゆるビジネスが、環境というキーワードを無視できない。そういう点で、林業が経済行為としてまわっている国々では、当然のごとくビジネス上必要だから環境に対する具体的な配慮がされるのだ。一方、経済面がスコンと抜けてしまった日本。経済面がいかんともしがたいなかで、環境や癒しという側面が出てきた感がある日本。違いは大きい。

大きいのだけれど、そういう現実的な違いを飛び越えて私に湧き出し、めざめたものがあった。〈それでも、めざしたいのはそっちの方向だ〉。

♪林業も癒しも

それを加速したのが、〇四年のドイツへの旅だった。近年、林野庁が着手し始めた「森林セラピー」の先進事例として、ドイツ南部に位置するバード・ヴェリスホーフェンという保養地が出てくる。これまた拙著で恐縮だが、このドイツの森の癒しについて取材した経験があったので(『森がくれる心とからだ――癒されるとき、生きるとき』全国林業改良普及協会、二〇〇二年)、「癒しの森とはどんな姿だろうか?」と出かけたとき、林業や薪づくりがごく日常的に行われていることに驚いた。保養客が散策する森で、大型の機械で伐採したり木材を出しているのが当たり前だったのだ。それでいて、その結果が豊かな景観につながることに本当にわくわくした(第8章参照)。

日本で森の癒しが取り上げられるとき、そこに林業の「り」の字も思い浮かばない。ひたすら、人びとに気持ちよく、美しい森が望まれている気がする。もちろん、あくまで私の「気がする」だけなので、一概には決めつけられない。ではあっても、積極的に林業が行われるとは想像しにくいのが日本だ。一方で、単調な一種類の木しか育っていない一面の人工林で「森林浴は健康にいいのです」などと言われても、私は釈然としない。

バード・ヴェリスホーフェンでは、その点でもとてもタメになった。詳細は第8章をお読みいただくとして、ここでは一点だけ。

主たる樹種はドイツトウヒという針葉樹だが、州や市町村の公有林では積極的に針葉樹と広葉樹が混ぜて植えられている。それが、環境のためのみならず、きちんと将来的に木材にするための広葉樹であると聞いたとき、とてもうれしかった。そこは保養客の散策や療養のための存在価値がもっとも大きい森だ。にもかかわらず、広葉樹だけにするのではなく、かつ、新たに育てる広葉樹は木材としての意味をもつ。なかには、自然保護区や木材用にはしない林も点在させていた。そういう自然度の高さをもちながら、人工林でも広葉樹が入れられ、それが環境や癒しの側面だけでなく将来的に木材になるようにも育てられている。

私の夢物語、「木材を収穫し続け、生きものも植物も豊かで、人びとに気持ちのいい人工林」がつくられようとしているのを見て、「やってるじゃない！」とうれしくなってしまったのだ。

スウェーデンとドイツ。二つの国の林業を垣間見ることで動き出し、加速された私の宿題。二つの国で見た人工林の大きな特徴は、一〇〇年という単位のサイクルだ。そういう長い期間であるがゆえに、「林業も癒しも」が可能となる。

日本の人工林は全森林の四一％を占めている。日本でも、人工林のつくり方、あり方が大きく変わっているのはたしかだろう。木材製造工場のように木材生産だけに特化するやり方は、もう許されない。つまり、人工林の姿は、曲がりなりにも夢物語と思っていた方向に舵がきられているのだ。では、日本ではそれはどのように進められているのだろうか？　どうしたら、よりその方向に進むことができるのだろうか？

第1章　森というフレーム

♪人工林への違和感

私が木に深く傾倒しだしたのは一九八九年の秋だった。当時、自分の専門として生きていこうとしていた臨床心理学をやめる岐路にいて、ミイラとりがミイラになるように、うつ状態に陥っていた。そのとき木に出会い、なにやらわからぬままに木からエネルギーをもらうという経験をして立ち直る。

そういう明確な出会い方をして激しく木に意識を向け始めたために、「この年、このときから」というように明瞭なラインができた。けれども、木に強く惹かれだしたときからしばしの間、私には森(山)は見えていなかった。木だけが視野に入り、個々の木が存在する場としての森はもちろんそこにあるはずなのに、意識にはあまり残らなかったのが、われながら不思議になる。「木を見て森を見ず」ということわざがあるが、まさにそれにちがいない。

私は、人工林というものを知らなかった。いや、言葉としては知っていたが、実際の森を見て「これは人工林、これは人工林ではない」という判別はまったくついていなかった。正確に言えば、判別も何も、そんなことは思いつかなかったのだけれど……。

木に会いたいと思うと必然的に山に行くことが多くなったが、ようやく一本ずつの木だけでなく、全体的な森の様子にも目が向くようになってから、あるとき、唐突に人工林という言葉と実物が一致する。同じ種類、同じような太さの木ばかりが並ぶ斜面を歩きながら、「どうして同じ木ばかりなんだろう？　それも、似たりよったりの太さで」と突然不思議になったとき、その理解がやってきたのだ。「ああ、これが人工林というものか!?」と。

そのときのポンと膝をたたきたくなる「納得！」という感覚は、以前映画で三重苦のヘレン・ケラーが井戸の水に触れてはじめて指文字で「ウォーター（水）」と綴るときの場面を思い出させるのだった。「これ」が、「この言葉」と重なる現象だ！と一致したときの驚きと感動。まあ、ヘレン・ケラーのすごさと自分の小さなちいさな納得を同列に語るのは失礼でありましょうが。

はじめてそう認識した当時、自分のあまりの無知さ加減が恥ずかしかったが、のちのち「どうもそんなに恥ずかしいことでもないようだ」と気づいた。自分のように「知らない」人のほうが多数派であることがわかっていったからだ。

そのときからいまにいたるまで、森や木の話をいろんな人としてみると、ほとんどが木の種類も、森の様子や成り立ちも、もちろん林業についてなど、圧倒的に「知らない」。それが日本の森林問題を考えるときの大きな鍵になっていて、それゆえそこにアプローチをかけようと思うようになるのだが、発端はまさに自分自身の無知と未体験がベースである。

ともあれ、人工林が人の手によってつくられた林だ、というあまりに初歩的なことを認識したそのころから、私の視野は木だけでなく森そのものへとようやく広がっていく。とはいえ、木ならばまずは何でもよい、というレベルから森とのつきあいが始まったせいか、当初は、出かける森、会いたい木々の選り好みはしていなかった。その状態について感じ分けが始まるのは、しばしの後だ。基本的には木がたくさんあればそれだけでうれしくて、森に対する採点は非常に甘いほうだったと言っていいと思う。

そんな大甘《おおあま》採点の私にさえ、「うーん、ここは……」とためらわせ、その場所から去りたくなる森が、「なんで同じ種類で、似たような太さばかりなの？」の森だった。「いい気持ちじゃない」と引っかかってしまう森は、多くがこの「同じ種類、似たような太さ」の森だったので、流れとしては「人工林の森は、よろしくない……」になったのだ。

何が「いい気持ちじゃない」と言って、人工林の木々はとても窮屈そうだったし、枯れた枝がぞろぞろと幹に残っている姿はひどく痛々しく見えてたまらなかった。

そういう状態の木々がある森は、強烈に茶色の色調で記憶されている。緑の葉をもつはずの枝が、枯れ上がってわずかになっているせいか、幹の茶色に枯れ枝の茶色。そして、林内にはあまり他の植物が育っていないから、土壌が剝き出しか枯れ葉が積もっているだけなので、これまた茶色。ひたすら感覚的にのみ木と森を見ていたので、そういう茶色く、生きた気配をあまり感じさせてくれない森＝人工林を好ましく思えなかったのは、仕方ないことだった。「人工林というのはそういうものだ」と思うしかなかったのだ。

一方、自然の森の巨樹・巨木はもちろん文句なく好ましかったし、会えれば本当にうれしかった。ただ、なかなかそういう大きな木――一抱えできないほどの太さと言えばいいだろうか――には会えないものだという経験も積み重なっていく。

出かける山々にある森は、たいていが若く、太くはなっていない、いろんな木の集団。名前のわかる木はほとんどなかったので、とにかく種類は違うらしいことだけがわかるという程度の理解だったが、それが当時の森の一番多い印象だ。だから、大きな木はおまけのような、たまさかのご褒美みたいなものに思った。

そう、太さや高さはどうということはなくても、「ああ」とため息とともに木のそばに寄りたくなってしまう。そんな状態で森を歩いていた。さまざまな森の様子の違いは違いとして、とにかく木々に会いに行く森歩きはただ楽しく、何よりもなぜか私の心とからだをすみずみまで満たしてくれる充実感があった。木のそばに、森へ行けば、とにかく幸せになったのだ。

♪どうして、こんなに違うの!?

この手探りで、「ただ感じるだけ」の森歩きに変化をもたらしたきっかけは、木をものすごく意識するようになってから半年後のイギリスへの旅だ。

当時、仕事でイギリスに滞在することが多かった夫を訪ねたとき、日中はもっぱらひとりで歩き回っていた。そして、私は小躍りした。

まず、ごく身近なところに歩きやすい道がよくある。そうした小さな森の中や街路樹や公園の木々には、日本だったら山奥か神社でしか会えないような大木が、それこそ、そこにもここにもいるいる!という感じだった。どれひとつとして注連縄《しめなわ》をつけて隔離されたりしていないので――注連縄がないのは当たり前だが――簡単に見つけられ、すぐにそばに寄れるのだ。

「なんて大木がある国なんでしょ!」

そして、森、牧草地、小川沿い、人家の裏手、なんとゴルフ場にさえ、フットパス(歩道)がある。だから、気楽に日々散歩を楽しめることが、実にじつにうらやましくなった。わざわざ山登りに出かけなくても、こんなに木にたくさん会えて、さらには大木もあって。

「なんという森の国でしょ!」と、私のイギリスの印象はべらぼうに良くなった。

王室の別宅があるウィンザー城の近くに滞在していたときは、城の裏手に延びるLong Walk

大木の下で休憩(ウィンザー)

(ロングウォーク)と呼ばれる約四キロの道が大のお気に入りになった。きれいに刈られた芝生の真ん中を、どーんとはるかかなたのなだらかな丘に伸びる一本道。その道に沿って生えている西洋トチの木は、どれもこれもどっしりとした存在感のある大木だ。季節は、ちょうど薄紅色の花をたわわにつけている五月。道沿いだけではなく、そのエリア一帯には、あそこに一本、ここにも一本と、たくさんの大木が立っていた。

思いきり大きく枝を広げ、木陰をつくってくれる木の根元に腰をおろすなんて、それまで私にはない経験だった。そこでぼんやり考えごとをするのは、まことにまことにシアワセ。

さらに驚いたことに、そこにはシカがいて、大木の陰から突然飛び出してきて心臓が止まりそうになったりした。大群で走り去るのも何度か見かけた。シカだけではない。ウサギやリスが、あっと思うと目と鼻の先に現れる。

庭先にリス（ロンドン郊外の友人宅）

別宅とはいえ、そしてロンドンの街のど真ん中ではないとはいえ、ウィンザー城もれっきとした街中のお城だ。決して田園地帯にあるわけではないのに、この木々と動物！ ひたすらびっくりし、いいないいなと憧れがつのった。

ウサギとリスは、イギリスではウィンザーに限らず少し緑のあるところならば容易にお目にかかる身近な生きもので、以前から夫のイギリス便りに登場はしていたのだが、現実にそうやって自分が散歩のなかで出会う動物は、特別に思えてならなかった。日本では一度も経験していなかったことも、インパクトの強さをいや増したのだろう。

一方、いわゆる郊外、本格的な田園地帯に出かけると、これまた日本とは大きく違う光景に出くわす。そもそも日本のような起伏の激しさをあまりもたない国ではあるけれど、丘が続く郊外の景色には、延々と続く森というのはまず出てこない。もちろん、まったくないわけではない。でも、日本のように、ちょっと郊外に出れば全山緑の木々に覆われた山しかないという光景が「当たり前」と思う目には、ハゲ山――広大な放牧地か牧草地か畑なのだが――みたいな丘が続くことが不思議。街や人里にいるとあれほど大木や森らしさを感じるのに、郊外に向かうとそれが減るなんて。日本とはどうにも逆の印象なのだ。

そして、車道や電車から眺める風景として単調で木々の少ない状態が続いていたはずなのに、次なる街や田園の集落に着くと、人の暮らすエリアにはこれまた木々が多い。人の暮らしの近くには「木が、緑がある」というのが、私のイギリスだった。

日本とイギリス、それぞれの木と森のありようの印象の違いは、それまでに少しずつたまっていた素朴な「なんで？」をさらにきわだたせる。

日本では、街中には都心の公園など特別な存在を除いて森はない。木も、街路樹があればオンの字というぐらいだ。しかも、それらの街路樹は大きく茂らないようにひどい刈り込み方をされて、本来の木の姿をとどめていられるものさえ少ない。ところが、郊外に一歩出ると、ごっそりと森が現れる。反対にイギリスでは、人の暮らし近くに木と森があり、人里離れると逆に森はなくなる。また、日本には身近な場所にはあまりない大木が、イギリスでは街で目につく。その違いが不思議で、なぜなのか知りたくて、私はいろいろ木や森の本を読み始めた。

本で知る日本の木と森の話は驚きの連続だった。知らない、知らない、知らない！　知らないことだらけ。その知らなさ加減がさらに次なる本を読ませるという具合に、一気に知識を取り込み始めた。そのとき、私の前で森への扉が大きく開いた。

♪日本の森林が豊かだった理由

「日本は木の国、森の国である」と、いろんな本に出てくる。面積的には小さいが、南北に長く、沖縄のような亜熱帯地方から北海道のような亜寒帯地方までそろっている。その気候の幅広さから、日本の植生は世界でも貴重な豊かさをもつ。樹木をはじめ、植物群の顔ぶれが非常に多彩で、豊富なのだ。そもそも植物は、温度と水(雪や雨や霧などの総合的な水分)の量によって種類と量が決まる。モンスーン気候の影響を受ける日本は、これまた植物の成長にとって恵まれた国である。そして、むかしから植物も木も暮らしのすみずみで使ってきた。

まずは天賦の才とも呼びたくなる自然条件が大前提としてあり、そのために多くの種類と量の植物が繁茂する豊かな森を形成できるのだ。生まれ育った日本という国をそういう視点で眺めたことはなかったので、この国の土地柄にすばらしい「素質」があることをはじめて知った新鮮さとうれしさがあった。それは、霧やシャワーのような雨の多い国でもあるイギリスが、日本と違って決してふさふさと植物が繁茂「できない」――緯度が高く、温度の条件が違い、雨量も日本ほどない――ことを肌身に感じた後だけに、恵まれた立地条件をとても貴重に感じたゆえだ。

その日本の森林面積は国土の六七%。実に三分の二が森林に覆われているのだから、文句なく森林の多い国と言ってよいと思う(よく人口一人あたりの森林面積が出されるが、そうなるとぐっと世界での順位は下がる。でも、そういう計算をする意味が私にはよくわからない。森林を一人ずつが独占するわけではないのだから。一人あたりの利用可能な木材量のメドのようなものなのだろうか?)。

一方、イギリスは驚くべきことに、わずか八%しか森林はない。実感としては、「なんて森の国なんでしょう!」と感嘆したイギリスなのに、そこまで森がない国だなんて、にわかには信じがたかった。イギリスの国土面積は日本の六五%で約二四万四〇〇〇平方キロなので、実質の森の面積で言えばますます開きがある。

たしかに、郊外に出たときのあの丘の丸坊主状態だけを思い出せば、ナルホドさもありなんとも思う。でも、ことふだんの身近さで言えば、明らかにイギリスのほうが「森が豊か」に感じたのも事実なのだ。この数字と実感のギャップは、のちのち私に、人と森との関係の問題意識やさまざまなアプローチの仕方を考えさせるもとになってくれた。とにかく、実態としては、日本とイギリスの森林の量に厳然たる大きな違いがある。

ところが、イギリスもむかしから森林のない国だったわけではない。かつては、たっぷりと木々に国土を覆われていた。イギリスは冷温帯に位置し、ブナやミズナラ(オーク)などの落葉広葉樹が育ちやすい。大量にあったオークなどの木々を、船に建築に家具にそして燃料にと多用し、国力をあげていく。近代に入ってイギリスが大英帝国として世界の覇者であったことはもちろん学校の歴史でベンキョウしたが、それを支えたのは豊かなオークを代表とする森だったのだ。

いまのイギリスの郊外がほとんど丸坊主状態なのは、その過剰伐採のなれの果てだった。もちろん、森が伐採されたからだけではない。羊毛産業がイギリスの主要産業となっていき、羊の放牧地や牧草地として利用されたために伐採後に木々が再生する機会を失い、森は再生できなくなった。羊が若木の芽を食べてしまうから、仮に芽が出ても育たないことが多いのだ。

一方の日本で、ここまでの森林があり続けたのはなぜだったのか？　単純に、山が急峻すぎてあまり伐れなかったのではないかと思いもした。その側面は無視できないけれど、かといってそればかりではもちろんない。

日本が稲作農耕社会を基盤とし、かつ、羊にせよ牛にせよ畜産は近現代になるまで存在しなかったことが、森の維持にとても大きい意味をもっていた。稲作そのものは森を開墾するから一面では森を破壊しもしたけれど、化学肥料などなかった時代、森は田畑の大事な堆肥を得る場所でもあった。そして、人が暮らしていくには燃料がいる。それは長らく薪か炭で、原料はもちろん木。使った後に出る灰は、これまた田畑の重要な肥料だった。逆に、この灰(カリ成分)を採るほうが第一目的だったと言う人さえいる。

燃料の供給源、堆肥の供給源、さらに、さまざまな建造物や小間物類にしても木製品が長い間の主流だったから、森林は欠かせない場所だった。それゆえ、一度伐採しておしまいにするのではなく、伐っては再生させ、循環させる仕組みが連綿とつくられていく。いわゆる里山のサイクルだ。一方、ヨーロッパなどの畑作文明では、森の落ち葉が肥料にされることはあまりない。ほとんどが畜産と畑の組み合わせで、堆肥はたいてい家畜の糞尿でまかなわれた。森の利用の仕方が違うと、森のありようも変わる。

また、日本は雨が多く、台風もやってくる。かつ地震大国でもあり、いろんな自然災害の危険を常にかかえている。それらが急峻な山並みに覆われる国土に襲来するので、木々の根張りで山が崩れないようにするなど、安全のための森林の利用も発達していく。

言われてみれば、どれもナルホドナルホドではある。とはいえ、そもそもの自然条件と、人の利用形態によって森が違う顔をもつということは、この一連の森の本漁《あさ》りをするまで私は知らなかった。

ちなみに、イギリスは森を大きく失っていく過程で滅びることはなかったが、かつての大英帝国の覇権は維持できなくなったように、世界の歴史は、文明が起こるときには森が豊かにあり、過剰利用で森を失った後に文明が滅びる、という繰り返しだった。世界史を学ぶと、四大文明が真っ先に登場する。「河のそばで文明は起こる」ということは記憶に残っているが、実は森があってはじめて、その文明は栄えたのだ。

そして、古代文明は、いずれも森を失うと滅びていった。実に歴史は厳然とそれを物語っている。森が開拓され、木々が利用され、ある段階まで文明は進化し、成熟していく。でも、その利用が過剰となり、樹木や森の再生を待つことのできないサイクルで人が木々の利用を進めたとき、森は消失し、やがてその文明も消えていく。

日本も奈良時代の平城京のように、都を建設するための森林伐採が都を崩壊させる原因になったこともある。ただ、前述のような天与の才たる自然条件に恵まれていたことや、主たる生業の違いによる人間のかかわり方や地形などから、森の中身や木々の状態は変わりながらも、国土全体の森の量としては大幅な減少と破壊には至らずにこられたのだ。この日本のゆるやかな循環スタイルが確固たるものになるのは、江戸時代である。鎖国によって自給自足体制がより高度に発達し、まさに地域内循環型社会をつくれたからだろう。

♪時代が負ってしまった力

だが、第二次世界大戦をはさんだ約七〇年間に、日本の森は大きな変貌をとげた。戦争という非常事態では、循環の論理はすぐにふっ飛ぶ。それは想像にかたくない。とにかく目先を何とかしなければならないから、山は過剰につぐ過剰な――つまり、再生を待つ循環の流れとはまったくはずれた無軌道な伐採ということだが――利用が進んでいく。なにしろ、石油も天然ガスも自国にもたない日本で、海外からの資源が断たれて、かつそれらの国々と戦うというのだから、四の五の言ってはいられなかったのだろう。

戦後に生まれ、日本の山は木々で緑だらけというのを当たり前というか、空気のようにあらためて自覚もせずに育った私にとって、敗戦直後は過剰伐採のためにハゲ山だらけだったという事実は、アタマで理解はしても、具体的には想像しにくい。だが、日本の山々は若い木々ばかりだなあという私の実感の背景がこれなのだ。

五〇〜七〇年ぐらい前に、日本の山は身近なところから一度ならず伐られ、その後に新たに育った木々が大勢を占めているのだった。一〇〇年以上の年月を経た木々がとても少ないのは、戦争をはさんでの社会の大きな変化のなかで起きた現象だ。戦後は復興を急がなければならず、それにはとにかく木材が必要だった。引き続き伐採は加速されていく。

でも、戦後は植林もまた進んだ。かつて類を見ないほど伐採が進むなかで、資源としての先細りの危機感は大きかったという。加えて、大きな台風が日本にたて続けに上陸したことも、植林緊急度の意識を高めていく。「弱り目にたたり目というぐらいだった」と当時を知っている人は言うほど、インフラがまったく整備されていない状態では、巨大台風の連続襲来になすすべはなかった。災害に対する無防備さへの危機感が、植林をさらに必須のものに思わせる。そのとき、スギ、ヒノキ、カラマツという針葉樹が選ばれるのは、広葉樹に比べた成長の早さや建築材としての需要から考えると、ごく当然の選択だったと私は思う。

それでも、そもそもの森林が減少したなかでの復興事業では、木材は圧倒的な供給不足だった。そこで輸入が始まる。緊急事態としての輸入だ。現在のように、ひたすら価格競争から世界の安い材を買い漁るのとは本質的に意味が違っていた。

伐採も進むが、同時にハゲ山には植林が進むという均衡状態的な数年ののち、日本は順調に復興をとげ、次なる飛躍に進んでいく。高度経済成長時代に入るのだ。そしてこのとき、森はもうひとつの大きな変貌の分岐点におかれた。それが拡大造林政策だ。

このころ、燃料としての薪と炭が、副産物としての灰とともに、石油・ガス・電気に取って替わられていく。いわゆる燃料革命だ。里山利用の大きな要因だった燃料としての需要が必要なくなり、同じころに化学肥料が普及して落ち葉や灰などの必要性も大きく減少したのだ。こうして、連綿と続けてきた里山との循環型のつながりを一気に手放す方向に日本は動く。

薪や炭として利用せず、落ち葉も採らない里山は、そのときから「無用の林」と化していく。そこを「有用な建築材」としての針葉樹の山に変えていくことは、ホメられ、望まれこそすれ、非難されることではなかったのだ、その当時。

これが、国策として広葉樹を針葉樹に転換させて山づくりをする拡大造林政策を推し進めた背景だ。そして、時代のムードは、合理的で科学万能の未来を希望の姿として描いていった。日本の古い伝統としての、再生させながら延々と循環させる里山や自然のリズムを、ひどく旧態依然とした、捨て去るべきものに見せたのは、時代が負ってしまった力のようなものではないかと私には思えてしまう。

当時自分がオトナだったならば、それにどれほどの疑問や危機感をもてたか、はなはだ心もとない。熱に浮かされたように来たるべき科学万能の社会をすんなり受け入れて、細々と節度を保って自然から恵みを受ける生き方を、過去の遺物のような脱ぎ捨てるべき古臭いものに思わなかったと言えるだろうか？

そっくり捨て去って新たな考えや方法を選ぶことによる目先の変化は、私にはなじみがある。想像するに、それはけっこうな快感をもたらすからだ。昂揚感と言うほうが正しいか。「新しい時代、いまの自分じゃない自分」が想像できるとき、ちょっと気分が良くなるものだから。

こうして六〇年代以降、日本の山は加速度的に針葉樹が増えていく。ハゲ山の植林はほぼ終わり、里山の雑木林の広葉樹と奥山の広葉樹を伐採して、次々に針葉樹に変えていった。ちょうど同じころ、農山村から都市へと人が大きく動き始める。高度経済成長の屋台骨は工業で、たくさんの人手が求められ、農山村の人びとを都市へと誘った。広葉樹を伐って針葉樹を植えたものの、人工林に不可欠なさまざまな手入れをする人手がどんどん農山村にはいなくなるという状況は、すでに拡大造林政策の初めから始まっていたのだ。

その結果、植林から数年～数十年後に、必要な手入れがされることのない新たな植林地が膨大に広がる。私が「すさんだ」印象をもった茶色のイメージの人工林は、こうした流れを経てできあがり、すでにかなりの時間がたった森だった——。

決して木にとって、森にとって喜ばしい現代史とは思えない。だが一面で、私はこれらの知識を得ていくのがことのほか面白かった。森の変遷を知ることで、みごとに自分の生きてきた時代と重なった「現代史」が浮き彫りになる感覚があったからだ。

むかしから変わらずに――そう、国土の形が変わらないように――日本中いたるところ緑なす山であったかのように思い込んでいたものが、実はダイナミックに変貌をとげさせられていることに、深い感慨をもった。私にとって森は、いまの社会を、自分の育った時間をさかのぼる貴重なフレームになったかのようだ。漠然と広い世の中と歴史を見渡すのではなく、森という枠組みからそれらを再構成することで、いろんなできごとが身近にわかりやすくなったという感覚だった。

♪林業は遠い世界？

六〇年ごろを境に起きた大きな転換後の森の様子は、たいていの本で重く厳しい側面として描かれている。

農山村が過疎化し、国産材は輸入材にどんどんマーケットを取られて価格的に太刀打ちできず、かけるべき人手がかけられぬまま放置される人工林が累積していく。身近な雑木林にも植林が増え、同じく手入れされず、以前のような利用もされないなかで、動植物の宝庫だった里山が激変していく。林業は3Kの代表のキツくて危険な仕事として位置づけられ、新たな働き手が増えない。

そうした問題の大きさは、ため息どころかやる気そのものを喪失させられるほど重かった。私は林業関係者ではないのだから、そんなに真剣に悩む必要もなかったはずだが、あちこちで目にし、感じていた放置された人工林の痛々しさから、多くの日本の山は林業との関係を抜きには語れないと思うようになっていたのだ。それで、構造的にいかんともしがたい状況としていろんな本でつきつけられる「事実」に、どうにも気が滅入った。木々に対してひどく感情移入をしていたものだから。

そんな森の現状に対してできることは、自分のような街暮らしの、木や森とは直接かかわりのない人間には「ない」と、そのときは思った。林業は、ひたすら私には遠い世界に思えてならなかったから。多くの人にとって、そうであるように。

そのことが、つまり林業が私たちに遠いと感じることが、本質的な意味では「ちょっとおかしい」といまは思っている。そう思うまでには、またたっぷりと時間はかかった。それを早回しにして次章にまとめよう。

第2章　林業と山仕事

♪林業は悪者か?

林業に対して白紙だった私は、一様にそろった樹種と並び方の山を見て「これが人工林というものか!」という劇的な納得をしたときに、〈うーん、しかし、いただけない森の様子だ。気の毒な木々たちだ〉と眉をしかめ、胸を痛め、その森から逃げ出したくなった。それは、人工林に対する第一印象を当然ながら肯定的なものにはしなかった。といって、林業そのものに強く否定感が生まれたとも言えない。そこで具体的に何がどう行われるのかをまったく知らなかったせいか、「仕事」として仕方ないのかもしれない、これがこの「仕事」のふつうかもしれないと思い、やりすごしたというのが正しい。

存在に気づいてみれば、たしかに人工林は多かった。でも、その一方でわさわさといろんな樹種が陽気に跳ねかえっているようなにぎやかな印象の雑木林も、またたくさんある。それで、人工林だけに気を取られなくてもすんでいたからだろう。そちらはそちら、こちらはこちら、と目を向けさえしなければ、まあやりすごせた、数年の間は。

けれど、その数年の間に本から得た知識が、たしかにそれまでまったく未知だった森林の世界と歴史を見せてくれる。私はそれをさまざまに楽しんだと前章で書いたが、複雑な思いにかられることもまた増えた。

広い意味での自然——大気や土壌、そして森林——全体がいたるところでダメージを受けて衰退していることは、世界中の現象だ。そして、こと森林に関してはそこに深く林業がかかわっているとしばしば指摘される。

国内で言えば、北海道・知床《しれとこ》の原生林や青森県と秋田県にまたがる白神《しらかみ》山地の林道問題、奥山の天然林が伐採されて人工林化することによって起きたさまざまな動植物の消失や減少、大型林道開設の是非……。南米や東南アジアでの熱帯雨林の乱伐と大量輸入国日本の存在も、マスコミに大きくクローズアップされた。日本は商社がその中心として登場するけれど、現地での話にはやはり林業が出てくる。さらに、天然記念物シマフクロウのいる北米の原生林伐採と林業の相克、容易に復元しない極寒の地シベリアでの乱伐。とにかく森林問題に林業は何かしらかかわりをもっているのは否めない。

こうして、私は困惑していく。「林業は、必要悪なのか」と。本来が良いものではないけれど、私たちが木材を使う以上は仕方がないという存在なのか、と。

しかし、「木材を使う以上」と書きはしたものの、そこが落とし穴だ。現実には、私たちは木材を使っている実感や意識をとてももちにくくなっていた。身近なところには木らしさを実感できる建物も家具も少ないので、ピンとこないことはなはだしい。

そういう日常のなかでは、自分たちが木材を大量に使っている国民であるという批判は、ひたすらいぶかしいものだったと言える。少なくとも私にとって。「誰がそんなに使っているの？　どこにそれほど使われているのかいな？」と不思議でならなかった。

そこもまた本からの知識で補われていく。木材全般の利用というなかで、一般的にはまず、これまで意識してこなかった「中身」の問題が実は大きく横たわっていること。国産材はあまり使われず、その分いろんな地域からの外材がどんどん使われていること。それらはもちろんさまざまな建築材にも家具にもなりはするけれど、薄皮をはぐように剝いてプリントしたり、粉砕してまた固めた板だったり、などなどの加工度がとても高くなっていて、外材がそのまま木の姿である場面は少ないこと。そうした加工には、太くて長い外材がより安価で効率がいいこと。コンクリートパネルをつくる型枠など人目にはつかない建築土木用資材にも大量に使われていること。

「木のものがどこにあるというんだ？」という疑問は無理からぬ状況であり、使われ方であることが、こうしてわかった。目につきにくいのだ、さまざまに。「大量に木を使っている」という自覚が一人ひとりにもちにくいとなると、多くの人にとって林業が必要悪どころか、どんどん貴重になっている森林を破壊するただの「悪」に思える存在に映るのは、自然のなりゆきに思えた。

かように否定的な印象を自分でももちながら、林業を無視したり敵視したりという方向に行ききらなかったのは、私なりに理由がある。私は、木に助けてもらったと心から感じていたので、そして、そのきっかけが何の変哲もないスギだったことが、言い尽くせないほど大きな影響を及ぼしていた。なんといっても、スギは人工林の代表選手だから。スギはつまり、「林業側」という位置にあるのだ。

♪人工林の木々と戦後育ちの人びと

ブナが天然林の、あるいはコナラやクヌギが雑木林の代表選手のように憧れや親しみをもって語られるのとは異なり、ややもすると悪役になっているかのようなスギが――花粉症の元凶と思われる立場も分を悪くさせているのだろうが――私にはせつなかった。人がそう思うだけでなく、自分自身が林業を是とは思いにくいことは、とどのつまり、林業側にいるスギもどこか好ましくない存在になっていくようで、なんというか複雑な気持ちなのだ。

過剰に感情移入していることは、自分でもよく自覚している。でも、どうしようもない。そうなってしまうのは、そこに生々しい感情が動くのは、止められない事実だったから。そんななかで、あるときさらに、人工林の木々に感情移入する気持ちが湧いてしまったのだ。拙著『森がくれる心とからだ』に一部書いたけれど、私にはこれらの放置され、いろんな人びとから疎まれているかのような人工林の木々と、戦後の記憶力偏重教育をされてきた自分たちが、ダブって見えてしまった。

一斉に植えられ、その植林地には他の樹種は育たないようにしっかり刈り取ることで管理され、見回せばあたり一面スギばかり、もしくはヒノキかカラマツばかりの不自然さ。それでいて、理由はさまざま違っても必要な間伐もされないで枯れ枝はついたまま、十分太ることもままならず、唯一の存在価値であるはずの木材としての将来性さえ閉ざされつつある状況におかれ、「こんなんじゃ使いものにならない」と嘆かれる木材専門用に育てられた木々。

一方、自分で考えることも、問題を探り当てて対処していく積み重ねもあまりなく、ひたすら早押し競争のように、一つの正解を選び出すだけの記憶優先の頭でっかちの教育を一〇年以上も受けて育つ人びと。そういう教育のなかで、あるいはオトナになってから、私たちは、自分たちに何かが欠けているという感覚を大なり小なりもたざるをえない。

そう育てられ(人工林の場合は放置され)たら当然の帰結なのに、何かが欠けている、使えない、などと非難されることの理不尽さ。植林地の木々は、口があれば言いたくならないだろうか？「誰のせいでこうなったんだ！」と。

まあ、たいへんなる同一視であって、ごく個人的なつなげ方なのだけれど、それが私を人工

放置された人工林(上)と、きちんと間伐された人工林(下)

林にこだわらせていったのだから、われながら面白い。林業が是か非かという問題ではない。突拍子もなく感情的に、人工林の木々に「同病相憐れむ」思いが湧くために、人工林を無視できなくなった。それゆえ、林業を無視することも、敵視だけしてすますことも、できなくなってしまったのだ。

理由も背景も歴史の流れもさまざまあれど、とにかく、いまここにある現実は、膨大な量の人工林と、その人工林の多くが手入れの不足したひどく悪い状態にある、という事実でしかなかった。どんなに自然林を伐って人工林にしすぎた弊害を述べても、自然林の生態系の大切さを掲げても、すでに一斉の植林地になっている針葉樹の人工林は日本の森林の四一％もの面積にのぼっている。時間を巻き戻して以前の状態に戻すことはできやしない。

この状態をどうするのがいいのか？　どの方向にもっていくのが、木が浮かばれる手立てなのか？

解かなければならないのはそこだったから、林業の除外は考えにくい。むしろ、きっちり林業に考えてもらいたい、という感覚になっていった。いまの不遇の状態をつくったのが林業ならば、それを修復するのも林業だろう、と。

もちろん、林業だけの問題と言っているのではない。でも、ややもすれば自然破壊の元凶として悪者にされたり、一方では戦後の農山村がたどった社会的大変化の影の存在として被害者的な立場を強調されたりする、その両極端のとらえ方が、私にはうまく収まらなかった。その両面があるのだとは思う。であるならば、なおのこと、森林に対する当事者としての明確な姿勢がほしい。

とはいえ、すでに何十年も林業が下り坂であり続けている事実——つまり、その間多くの人がいろいろやっても好転しなかった——は、門外漢で感情と同情ばかりがある私には「できることは何もない」と思わせるのに十分だった。

そういう膠着状態気分のころ、私は長野県の伊那《いな》市でKOAという企業が主催する「森林塾」なるものに出会う。森づくり全般を教える塾なのだが、そこに通ううちに、本からの知識だけではどうしても感じ取れずにいた存在を知った。森林の問題を「林業」としてのみ捉えていたけれど、よく似ていながらもはっきりと違うものとして「山仕事」という存在があるのだ、ということを。

♪家事としての山仕事

広辞苑で林業という言葉をひくと「土地に林木を仕立てて培養し、これを経済的に利用することを目的とする生産業」とある。一方、山仕事は「①山でする仕事。②山師のする投機的・冒険的な仕事。投機業」とある。私がここで言う山仕事は①のほうを指している。

明らかに、林業は経済が核であり、山仕事はとても広い概念としてある。「山でする仕事」

となれば、なんでもかんでも入ってくる気がする。

でも、現実の山に入る経験がない間は、この二つの言葉を広辞苑でひいたとしても、その違いをはっきりと自覚はできなかっただろう。「山でする仕事？　それが林業なんじゃないの？　そんなの説明にもなんにもなってないんじゃないの？」と思ったにちがいない。具体的に「山でする仕事」が何を指すかがわからないからだ。それで、かぎりなく林業と同じものに思えてしまう。その林業でさえ、本からステレオタイプ的に得る知識でしかなく、とてもおおざっぱな理解なのだ。

いまならば、私は人にこう言うだろう。「山仕事はね、言ってみれば家事の一部です」と。炊事、洗濯、掃除、大工仕事に庭仕事。日々の暮らしに欠かせないさまざまな仕事は、もちろんいまではお金を払えば外注できるものが増えているが、基本的に経済行為ではなく、あくまでも日常の、生きているかぎり終わりのない営みだ。人によって必要度も頻度もそれぞれ違うけれど、自分が快適に日々を送るためにすることは、すべて広い意味での家事に入ると私は考えている。

そして、一九六〇年前後の燃料革命が起きる前の日本では、その家事に山が密接にかかわっていたらしい。もちろん、市街地ではそのころだって山に薪を取りに行ったりなぞはしていない。しかし、山が近くにある人たちにとっては、かなり山は家事に内在化されていた。しかも、それは燃料だけのことではなかったのだ。

日々の糧の主たる部分を山に依拠してはいなかったけれど、副菜や常備菜として、春なら山菜、秋にはきのこ、あるいは川魚と、何がしかを山で採取し、それらを食卓の一助にする。それも、わざわざそのために出かけるというより、山に出かけるついでにちょこちょこっと採ってくるということが、いま七〇歳代の方たちにはごくごく日常的にあったという。木やツルや竹などはさまざまな道具に利用する。わざわざ買うなんて思いもよらない。あるいは、そのようなものは売り物としては存在していなかったから、そうせざるをえなかった、とも言える。

いまではこれらはことごとく店で買ってくるものばかりだが、それらを山に行って自分たちで得ていた。さまざまな仕事が、山にはあったのだ。それらすべてをひっくるめれば、実に多くの「仕事」がたしかに山には存在したので、広辞苑がそっけなく書くのも不思議ではなくなる。まさに「山でする仕事」としか言いようがない。逆に、それほど広い範囲にわたる仕事と言える。

そういうなかには、たまには木材を得る、育てるという部分も、あるいは道を普請《ふしん》するという仕事も、もちろん入っていた。だが、「林業」と異なるのは、換金目的の経済行為としてやるものではないという点だ。もちろん、経済行為になることもまたあったのだろう。第一目的ではないけれど、ちょっとした稼ぎにもなるという意味で。

経済行為がよくなくて、金を介在しないことは尊いというような話をしているのでは、まったくない。そうではなくて、家事のようにさまざま営まれる山仕事というものをまったく想像できなかったので、そういう仕事があったということに何よりも驚きと感慨をもったのだ。

私のなかでは、山で行われる仕事はことごとく林業という言葉に入っていた。だから、あの痛々しい人工林の状態を解消するためには、林業自体がなんとかならないとダメなのだとばかり思っていたのだ。それは日本社会の変化のみならず、いやおうなしに世界の経済の動きに飲み込まれていたから、個人の力ではどこから手をつけていいのかわからないという無力感におそわれる一方だった。

それが、日々家事のような山仕事があったという認識ができるようになったことで、手のつけようのない問題が、手の届くものに変わった感じなのだ。それは、公害問題と環境問題の違いにも似ている。つまり、公害問題は企業と政府の問題になりがちで、個々の家庭で即どうこうできるものにはなりにくかったが、環境問題は個々の家庭の積み重ねがまた大きなインパクトをもつ、という違いに近いと言えばいいだろうか。

♪山主の山離れ

日本の森林所有者がもつ森林面積は、実はとても小さい。一ヘクタール（約三〇〇〇坪）未満という人びとが全体の五〇％にものぼっている。もちろん、一ヘクタールは庭や宅地として考えたときにはたいへん広い。ことに、街中に暮らしていた私には、目が飛び出そうなほど大きい。けれど、何十、何百ヘクタールという規模の面積が当たり前に話される山の世界で言えば、猫の額的な所有者がとても多いのだ。五ヘクタールにまで広げれば、ほぼ九〇％の所有者が含まれる。それほど、日本の山は細かく分断されて所有されている。

小さい面積の森林では、林業と呼ぶような経済が核になる産業は行われていないことのほうが圧倒的に多い。それを知ったとき、ここに切り込む余地が残されていると感じた。

前述の森づくり塾は、「素人が楽しみの山仕事をするだけでも山は見違えるようになる」と言い続けていた元信州大学農学部林学科(現・森林科学科)教授・島﨑洋路さんの考えを具現化するために始まったものだ。木を育て、山とさまざまにかかわるのは「究極のアウトドアだ」と。この話は拙著『森をつくる人びと』(コモンズ、一九九八年)に詳しい。

林業問題の究極の一点は、「木が金にならない」ことに集約されていく。経済行為として行う以上、働けば働くほど赤字になるならば、その仕事を「やらない」という選択になることは一面やむをえない。でも、生計をその山から得ているのではない小さい面積の森林所有者にとっては、シビアなそろばん勘定を行う状況ではないのではないか？

裏返せば、だから延々と放置されてきたとも言える。手入れをしようがしまいが、家計に与えるインパクトがあまりない。その関係の希薄さが、林業問題とは別の森林問題を一面つくっているのだ。

けれども、そのような小さな面積の所有者ならば、休日を使って、それも毎週とか月に何度もである必要はなく、年に数日手入れをするだけで山は健全に維持管理できるという島崎先生の話は、まことに目からウロコだった（ただし、毎年必要な手入れを行っていれば、だ。何十年も放置した山を健全に回復させるには、当面ガンバッて手入れの回数を増やす必要がある）。だから、「自分がそのノウハウを伝えたい」と口にしていた島崎先生をKOAが後押しする形で始まったその森づくり塾に、所有者でもなんでもない私がどんどんはまった。

同時に、山から直接の生計を得てはいない多くの小さい面積の所有者の山ほど無関心に放置されていることが多い、という事実も知っていく。山の所有者がほとんど自分の山に行かないし、そもそもどこに自分の山があるのか知らない、という人も珍しくはないのだ。その現実は、私にいろんなことを考えさせた。

仮に、万が一林業が上向いたとしても、一ヘクタールに満たない所有者がこぞって林業に関心を向けるという状況にはもはやない。それゆえ、多くのチマチマと分断された小さな面積の集合体となる人里近い森林は、放置されてしまう可能性が十分ある。単に、いつか高く売れるかもしれない、という土地所有としての感覚しかない所有者も多くなっていると言われているのだ。

こうして、経済や産業とはまったく別のアプローチで、「楽しみ」という観点から持ち主が新たな山との接点を見出してくれたらどんなにか木々も浮かばれるのでは、と切実に思うようになった。けれど、話はそう単純に進まない。森林所有者には、なかなかこの発想が届かない、伝わらない。

楽しみとしての山仕事。これは、山のことを知らない、つまりその大変さも知らない自分のように街育ちの人間には、劇的に響いた。だが、山を持っている人、あるいは山の近くに暮らす人には、「何が楽しみだって⁉」とあきれられ、同感を得にくい。それを、いまに至るまで私は思い知らされている。

正直に言えば、なぜにそこまで否定的な見方ができあがっているのかはまだ一面謎ではある。「日本は木の国、森の国とモノの本によく書かれているけれど、本当は山が嫌いな国民じゃないのだろうか？」と何度いろんな人に向かって聞いたかわからない。それぐらい、山に対しての嫌気もしくは無関心を口にされる場面に出くわす。林業問題を解くよりも、これは困難なのかもしれない。いつからかそう思わざるをえなくなってしまった。人の意識が変わるのは決してたやすくはないから。

それにしても、これほど森林の豊かな国に暮らしていて、森林を所有している人たちさえもがどうしてこんなに森林から遠ざかってしまったのだろうか？

山菜や薪や川魚を採って四季折々の暮らしに活かすことは、極端に少なくなっている。散歩として山に出かけもしない。これだけの森林が広がりながら、圧倒的多くの日本人は森林との交わりがないまま育ち、オトナになっていく。狭いせまいわずかな平地にぎゅうぎゅうに肩寄せあうように暮らし、膨大な森林に心身ともにふれることなく、知ることもなく、私たちは過ごす。それが森林所有者であっても似たりよったりだということに、なんとも不思議さが湧いて仕方なかった。

♪にわとりが先か、たまごが先か

エネルギー源が変わり、産業構造が変わり、それらと表裏をなす形で暮らし方も激変した。何度も何度も本で読んだこれらの流れ。その変化が、山の姿と木々の顔ぶれを変えた。見た目には変わらぬ緑の山々で、中身の変化が、また人とのかかわり方を変化させていく。

主要樹木の変化で下草もともに育つ灌木の構成も変わり、それが山菜やきのこなど森全体の様子も変えていくという、当たり前と言えば当たり前すぎる変化。暮らしにとっての必要性の変化で、さまざまな目的や用途を満たしてきた山の姿は変わる。それは、さまざまに山になじんできた人びとを遠のかせもする。

結果的に、宙ぶらりんな山――里山の人工林――がよそ目にはなかなか理解しにくい形ででき あがっていた。そういうねじれ方が、人里近い山々に起きている。少し奥山の、一面の人工林とは背景の異なる人工林があることを、ようやく知るようになった。

林業ではない山とのつきあいは家事だ、と私は書いた。家事というのは毎日の積み重ねでなじみ、できるようになっていく。包丁の使い方、洗濯物の干し方ひとつとっても、慣れだ。しかし、六〇年以降に加速された暮らしは、山の木や恵みを日々取り入れるのではなく、排除する方向に動いた。山になじみ、慣れた暮らしは、どんどん消えていく。

山の恵みを使わなくてすむことが「新しい生活」「進歩」と捉える時代の勢いもあったのだろう。結果的に、日本の家庭には、山の恵みを利用する余地がほとんどなくなった。自分に関して言えば、好きも嫌いもなく、「なかったから知らない」というレベルで「使わない」ことが当然に育っていた。

もし使える手立てをもっていたら、どうだったのだろう？　知らなかったから、なおのことそれが気になった。暮らしに、山と木を取り込む接点、装置。そういう仕掛けの有無が鍵を握るように感じ、「使う」という視点を強烈にもつようになる。

そう思ってから、私の暮らしは大きく山に近づいた。結果、伊那に地域の材を使った家を建て、薪を使う生活を始めた。時代の流れとして捨て去るべき古い暮らし方とされていった営みが、山に親しむ暮らしが、どのようなものなのか、自分でやってみようと思ったのだ。夫の仕事の都合で伊那に移住はせずに、東京と両方に暮らす「二住《にじゅう》生活」を始めた。

ただし、ひたすらむかしのスタイルを遂行しようというのではない。いかに楽しみに変換できるか、無理せず続くか、と考えるのに余念なかった。日本中で山と木を暮らしに取り込むことがこれからできるようになるとは決して思えないが、山近くに暮らす人びとは今後もなくならない。せめて、そういう地理的条件にいる恵まれた（と私には思える）人たちにとって、山が、木が、ふたたびでも、新たにでもかまわないから、価値ある暮らしの豊かさの核になればいいと思うと、無理は禁物だと思ったから。

　それは、現代テクノロジーの恩恵は排除しないということだ。たとえば、薪で沸かす風呂釜は灯油と併用できて、いざとなれば灯油で沸かせばいいという安心感をキープした。結果的には、その安心感があるせいで、いまだに薪しか使ってはいないが、ちょっと冷めたときに灯油で追い焚きはしている。薪ストーブも、グレードの高い性能の良さを重視して選んだ。おかげで、「これ一台で家中が暖まるのだろうか?」という建てているときの不安はみごとに杞憂になった。

　薪生活は快適至極だが、薪の準備は予想どおりかなりの仕事量を求められる。それ自体は、傍目からは大変に見えるかもしれない。ウチができてしばらくして、お隣が建築を始めたのだが、週末ごとに帰ってくる夫が毎度毎度薪割りをするのを見て、言われたことがある。「ご主人、帰るたびに仕事ばかりで大変ねえ」と。

　そう。仕事・義務として見れば、たしかに大変だろう。でも、平日に街で徹底的に頭と神経ばかりを使っている夫には、思いきりからだを使う週末の伊那での「仕事」は仕事であって仕事ではない、という存在だった。私にしてもしかり。頭を使い、パソコンに向かっている時間が多いなか、凝り固まったからだを使うための薪の準備や山仕事は、多大なる息抜きと気分転換という位置づけにある。

そのむかし、ほとんどの人が農作業を主たる仕事にしていたとき、これらの薪を中心にした山仕事がさらなる負担になったことは、想像しやすい。からだを一日中使っている人にとって、これらの山仕事を「お楽しみ」に位置づけるのはむずかしかろう。でも、いまは日々の仕事がオフィスワークで、頭と神経ばかりを使う偏ったバランス——からだを使わないという意味で——に陥りがちなのは周知のことだ。

そういうなかでは、薪を中心にした家事的山仕事を取り入れた暮らしは、逆によりバランスがよろしいと言える。そういう暮らしをする人が増えれば、林業とは異なるアプローチの山との接点が広がる。それが、ふくれあがった森林の問題を考えるときに、大事な核になっていくと思えてならない。

春先のふきのとうから始まる山菜を味わう数カ月や、秋のきのこの季節。そういう直接の恵みのみならず、日々の散歩に森の変化を感じ取る日々。同時に、どうやっても個人の家事的山仕事だけでは完結できない問題が、コインの表裏のようについてくることもまた、あらためて知らされる。

森林をめぐる問題は、家事的山仕事だけでも、林業だけでも、どちらか一方でのアプローチでは解消しえない。その当たり前のことにふたたび気づく、木を暮らしに取り入れた五年間でもあった。

第3章　人工林と里山の混乱

♪森の散歩

伊那谷に建てた家の前には、森が広がっている。家の前の車道を渡り、よそさまの田んぼの畦《あぜ》をお邪魔して突っ切ること約三〇メートル。はい、そこが森の入り口。玄関から計って、ものの一分でたどり着いてしまう。

日々の散歩をわが身に課すようになったのは、仕事でパソコンに向かっていると、一日数百歩しか歩いていないことに愕然としてからだ。体調不良も現れた。それ以来、ものすごく努力して歩くようにしたのだ。そして、実に格好のロケーションに森があるありがたさをかみしめることになった。私の日常は、原稿が膠着状態でわけがわからなくなることが実に多い。そんなとき、言葉の羅列とつながりあわない考えが渦巻く頭のなかを沈静化させてくれる最良の場所が森だった。

たとえば、雨上がりの森に入ると、ふだんよりも強くさまざまな匂いを感じる。それらの匂いが、いろんな記憶を呼び覚まし、その記憶をたどって遊んでいるうちに、いつの間にか膠着状態から離れている。言葉と考えが氾濫して混乱していたのがウソみたいに、文字が遠のく。そうしているうちに、気づくと気持ちがするりと動いている。

別に原稿書きにとどまらない。考えごとや決めかねることをかかえているとき、森の散歩は実に効力がある。わずかな動きではあるのだけれど、こり固まった気分のときのそのわずかは、大きな意味をいつも感じさせてくれる。それを感じるたびに、しみじみうれしくなる。こんなに身近に森があることが。

二住生活の片方、森とのつきあいを日々の暮らしに落としこもうと建てた住まい。その目前に森が広がっていたのは、森とかかわる目的をもって家を建てたクセに、本当に偶然だった。

それまでの山仕事とのかかわりは、どこで行うにしても準備万端整えて車で出かける場所だった。手入れする森は離れていて当然。だから、住まいに隣接するごとく、そう、裏山のようにすぐ近くに森があるという状況そのものを思い浮かべることも、希望することも、なかった。当然、土地探しのときにも想定していない。

家が建ち、二住生活が始まって、おもむろに「森が目の前にあるんだ！」と気づいたのだから、マヌケている。でも、なおさら、ありがたみがきわだった。この森との日々のつきあいで、私は実にいろいろ体験し、考えられるようになったのだから。

♪ハマダ山の登場

家の前に広がる森は約六八ヘクタールで、まとまっている。一番の特徴は、山ではなく森という表現がピッタリという点だ。斜面ではなく平坦地なのだ。

もうひとつの特徴は、この森だけがもつのではなく、日本の人里に近い森林で多かれ少なかれ起きている典型的な現象だが、所有者がとても多いという点だ。六八ヘクタールに対して二八〇人もの所有者が当時(二〇〇〇年)いた。〇・一ヘクタールという森林所有者としては最小単位(日本の法律では、〇・一ヘクタールから森林所有者とされる)の人たちも多い。さまざまな理由や過去の経緯からそのように分割して個人所有に至っているのだが、とにかく、この森に対して文字どおり細切れに大勢の人が権利をもっていた。

森の姿は戦後自生したアカマツが主役で、ヒノキやカラマツが植林されたところが点々と混じる。これら三種の針葉樹のなかに、まだ若い落葉広葉樹が混ざり込んで全体的な景観をつくっている。割合からいけば、針葉樹と落葉広葉樹の比率は八対二ぐらいだろうか。カラマツが落葉するおかげで四季の変化がやや見られるけれど、相対的に言えば四季の彩りの変化には乏しい。

二住生活を始めるやいなや、私たちがこの森の一角の林（便宜上、全体に対して森、一部に対しては林と呼ぶ）を管理してもいいという話が、個人的なつながりで舞い込んだ。手入れをして出てくる材は私たちが好きに利用してよく、林を将来的にどういう形にしあげていくかもまったくお任せという、願ったりかなったりの話だった。

そこは自宅から歩いて五分ほどの場所にあり、軽トラックが入れる道が一本、林地の角まで通っている。だから、重い道具を運ぶにも材を出すにも、おあつらえむきだ。面積は〇・二九ヘクタール。

「この林ですよ」と案内されて入っていったときのことは、よく覚えている。アカマツとヒノキという常緑針葉樹が多い周囲の林に比べて、ぽかっとその一角が明るく光を受けていたのだ。そこに、一目ぼれした。

熱心な所有者の森林は、おおむねヒノキかカラマツの植林で明確な人工林になっていた。オーソドックスなというか、むかしながらの森林所有者としては、計画をもって人工林にしているのが「正しい」。

ただし、残念ながら、当初の計画どおり維持管理が進んでいる林はごくわずか。植えて、そのまま何十年も経ってしまいました、という状態が多い。手入れをしている熱心な所有者も少数はいる。だが、林が本当に必要な手入れにまでは至っていない。つまり適正な間伐はされず、混みすぎている状態のほうが多かった。結果、人工林も、自然のアカマツが主流の林も、同じように混みに混んでいて暗い。とにかく、たくさん生えすぎている。

私たちが案内された林は、長らく放置されていた。アカマツが主なのは全体の様子と同じ。そこにヒノキとカラマツが、どういう意図がそのむかしあったのか存ぜぬが、とてもランダムに少々生えている。サワラも大きくなっているが、それはアカマツ同様、自生している。それら針葉樹に混ざって、十数年前後ぐらいのまだまだ若く細いコナラやホオ、コシアブラ、サクラ類、カエデ類が、わさわさっと混ざって育ち始めていた。

冬のそのとき、落葉広葉樹は葉を落としていたので、アカマツの下にヒノキとカラマツを植えた人工林に囲まれているその林がひときわ明るく感じられた。放置が幸いして(?)、すでに進入している広葉樹を育てながらアカマツやヒノキなどとミックスさせるのには好適地というか、はや一歩進んでいるという印象だ。

熱心な人工林づくりをしてこなかったゆえに、この小さな林はごちゃごちゃしている一面で、これから好きなようにしていける可能性がいっぱいに見えた。まさに「庭仕事のように山仕事」だ。大いに気に入った。

こうして、ハマダ山と名づけたこの小さな面積の林との密なるつきあいが、引越し早々始まる。

♪手入れか利用か?

なにしろ自宅から至近も至近だし、利用の主たる目的は燃料だから、わが家にとってはまさに暮らしに密着した林だ。そういう暮らしとの密着度が里山ということならば、文句なくハマダ山はわが家の里山になっていった。けれども、それまでの山仕事とは思いもかけない違いが現れる。

前述したように、私は森づくり全般を学ぶ塾に入って山仕事を覚えた。そういう家事的山仕事が産業としての林業以外にもあることを知った感動は前章で縷々《るる》述べたが、そこで学ぶ基本の技術と知識は「人工林の仕立て方」だった。

カリキュラムとしては山菜採りやきのこ狩り、炭焼きとかきのこの菌打ちなど多岐にわたる内容だったものの、核はあくまでも人工林のつくり方。そして、まったく山仕事の経験のなかった私には比較というものができなかったので、人工林に対する山仕事と里山で行われていた山仕事にどれだけ違いがあるかは、少しもわかっていなかった。そもそも、「違い」を前提にして考えることは思いつかなかったと言っていい。

もちろん、人工林の樹種と里山の樹種は違い、それぞれ用途が違い、何より回転サイクルが違うなどということは、よくわかっているつもりだった。でも、木を植える、伐る、邪魔な草木やツルを除く、調べる、測る、名前を知る……。樹種や量ややり方は違えども、「必要な技術」にはそう大差ない。こう言うと身もふたもないが、その程度にしか違いを認識できていなかったというしかない。

その後、私は個人的にも素人の山仕事普及活動などを始めてしまったが、それもおもに人工林に対してだったので、自分が暮らしに密着させる木の利用を始めるまで、大きな疑問も不都合も起きなかったのだ。ところが、かように年間を通して計画的な燃料としての利用という需要開拓(?)のうえで山仕事をしてみて、人工林でやってきた一連の仕事の流れや考え方、段取りをもろもろ大きく変えないとならないことにようやく気づいた。

いまの人工林がおかれている最大の問題は、間伐不足による混みすぎだ。混みすぎて光が入らないことによる不都合は大別すると、二つある。ひとつは、植えた木そのものが太くなれず、不健全かつ将来の木材として望ましくない。もうひとつは、林内に他の植物が育ちにくいため生態系が貧弱になり、土壌の保全にも問題が出るという、木そのものと森全体への支障だ。

だから、光を入れるために、いかに安全に必要な本数を伐るかが焦点になる。間伐した結果として出てくる間伐材の利用という難問をかかえてもいるけれど、森の健全さをめざす優先事項はとにかく林内に光が入るような間引きにしぼられる。

ハマダ山は、完全な人工林ではもちろんない。かといって雑木林かと言われれば、イメージされる広葉樹が主流となる状態でも決してない。針葉樹も広葉樹も年齢もまちまちに、いろいろ雑多に生えているという点からいけば、まさに雑木林的ではあるのだが、人びとにイメージされやすい言葉を探そうとすると、なんとも表現しにくい。そして、主たる針葉樹が混みすぎて、伸びてしまっている状態は、この森全体に共通する問題だ。

それまでやってきた山仕事の考え方・やり方からいけば、真っ先に強めの間伐をして、育てたい落葉広葉樹――里山的活用をめざす意味でも、いまある落葉広葉樹が主流の林に転換していくことを夫とふたりで決めた――が光をたくさん浴びられるようにするのが優先項目の筆頭にくるのは、明らかだった。ところが、薪としての利用サイクルが大事な項目になる家事的山仕事となると、一度にたくさん抜き伐りすればいい、ではすまない。

たくさん――といっても、この小さな面積でいえば数十本がせいぜいだ――の本数を一度に間伐したとする。林の状態としては、真っ先にそうしたほうがいいことはわかる。だが、そうなると、伐った材の利用が大きな負担になるだけでなく、大幅にムダが出そうだった。

薪として利用するためには乾燥が欠かせない。では延々と乾かし続けた薪がいいかといえば、さにあらず。年数が経ちすぎるとスカスカ状態になってしまい、薪として燃やしたときの火力も火持ちも落ちてしまう。頃合いというものが薪にもあった。

ハマダ山で間伐する主流のアカマツならば、二シーズン目で使い切りたい。三シーズン目のアカマツは、持ちが悪くなる。針葉樹の薪は全般的に広葉樹の薪よりも火持ちが悪いので、そ

作業とともに薪の保管にも活躍するハマダ山

れがスカスカになればますます悪くなる。そういう意味でも、長すぎる乾燥は避けたい。薪そのものの質の問題だけじゃない。薪にするための手間と時間も難問だった。

伐り倒した材を薪にすること自体にかなりの労力を要するのが、ようやくわかったのだ。仕事配分でいけば、木を伐るのはごくごく一部でしかない。その後の材を四五センチ(わが家のストーブと風呂釜用の長さ)に切ること、運ぶこと、割ること、積んで乾かすこと。これらの作業が圧倒的仕事量としてあった。感覚的に言えば、薪として完成させるまでの全仕事量の一割になるかならないかが伐る部分だったのだ。おまけに、割った薪を保管する場所も切実な問題になる。木材というものはとにかく場所をとる!

これらを痛感させられたのは、最初の年、

前の住まい地の山仕事仲間が集まって間伐の実習なんぞをしてしまったことによる。実習だったので決して大量に伐ってはいないが、それでも一人一本は伐ったから、一〇本以上の木が倒された。間伐が目的のそれまでの山仕事の場合、光を入れるのが第一義だから、とにもかくにも伐り倒されればそれで目的の大半は果たしたことになる。整理できなかった材は転がしておけば、たいていはすんだ。それで「はい、お疲れ様」の美味しいビールを味わえた。実際、このときも、みなさんそれでお帰りになった。

「こりゃ大変だ」に気づいたのは、その後だ。あちこちに散在する材を軽トラックが入れる場所まで運び、大量の長いままの材を四五センチに切っていくだけでも、べらぼうな労力がかかった。割るのは、そこからさらに多大な労力となってのしかかってくる。やってもやっても終わらないような気がしだしたとき、正直、本当にイヤになった。〈もういい加減やめとくか〉。そんな気がしてくるのだ。

でも、伐りっ放しで置いておけば、腐り始めてしまう。もったいないという欲もあるので、なんとかせずにはおれないが、時間の限界はあるしと、チリチリとさいなまされ続ける。イヤになりながらも、とにかく薪にし続けるしかなかった。

時間がかかったので、その間に雨や雪にあたりながら林内に放置されていた丸太は、確実にカビ、変色し、グジュグジュとなった。そういう「格落ち」の薪は、ウチの場合は風呂用にできるので結局ムダなく使ったことにはなる。いや、正確に言えば、とうとう使えなくなった薪も生じた。やむをえない。土に戻ってもらった。

この一年めの大変さが私たちに学ばせたのは、「薪として使う本数を注意深く見据えて伐る」ことの徹底だ。たくさんの本数を一度に間伐する人工林の手入れとしての伐り方と、「まずは材の利用ありき」の家事的山仕事では、仕事の見積もりや段取りを変えなければならないというこのおベンキョウだった。どんどん伐り進むだけでは、家事的山仕事はまわらない。

こちらの利用量にあわせると、年に数本伐って薪にして使うというゆっくりペースが適量だった。それは、林そのものの健全さの面からみると、混みすぎがなかなか解消されないことになるので、とてもまどろっこしい仕事ぶりと言わざるをえない。

現に、しばらく後で、山仕事をする知人がハマダ山を見て笑いながらこう言った。

「ハマダさん、全然間伐進んでないじゃない。早くしなよ」

ごもっともな発言ではあった。自分たちだって、森の健全な姿をめざすだけなら、もっとたくさん間伐して、できるだけ早くいい状態にすることが必要だとわかっている。作業だけして、いい森の状態にするための仕事と、その森がいい状態を維持しつつ、かつ利用にも切れ目ないという視点。両方を天秤にかける必要にせまられてぶつかるジレンマが、そこにあった。何十年という放置ゆえに蓄積が増えすぎた、バランスの崩れのツケだった。

♪木を伐るのは悪いこと？

「使う」ことを痛切に問題意識に刻み込むようになったのは、そもそも人工林の手入れが滞る最大の原因が「売れない＝材が使われない」に集約されていくと感じてからだ。農山村の過疎化と労働力不足が手入れ不足に根深く絡むけれど、木材がいろんな形で売れて、さまざまな雇用が生まれるという基盤ができなければ、過疎化と労働力不足の問題には届かない。もちろん、簡単なことじゃない。けれど、順番としては、少しでも「売れる」ようにすることが必須だと私も考えるようになった。多くの林業関係者が考えるように。

ただし、それは林業という一産業の問題の解決のためではなく、結果的にそこに行き着かざるをえなかった、という感じだ。いろんなアンバランスを解消するためには「国産材が使われて売れる」ことが欠かせない、と。

総使用量は減っているとはいえ、日本の木材の使用量は相変わらず世界のトップクラスにありながら、その膨大な量の八割以上を外国から買っている。日本にない石油や天然ガスならいざ知らず、恵まれた植物繁茂国でありながら、放っておけば森になってしまう国でありながら、買い続ける。買ってくる国は、日本よりも植物の生育に向かない国もあるし、環境に十分配慮できない国からの材のほうが多い。

一面的な経済問題だけならば、いたしかたない部分もある。それが経済の理屈だから。ひたすら「安ければそれでいいのだ」が一時的には勝つ世界。でも、ここまで環境問題が経済問題とリンクし、世界全体で取り組まなければならない時代に、このアンバランスの解消はもう待ったがきかない話だろう。日本の木材使用量における国産材の占める割合を上げる努力は、確実に地球全体の環境問題に資する。

ところが、一般的には、話はおおむね反対にいく。つまり、「森林は環境に大切で、公益的機能があります。だから、森林を守りましょう。大事にしましょう」。かくして、「売れない」ためにあまり伐らなくなった日本の森林は、日本では一般的には望ましい姿と思われがちだ。伐らないことがいいことだ、という流れのもとで。

序章でふれたように、世界の森林の「破壊と減少」という問題が情報として広く伝えられている。そして、その情報と日本での身近な伐採が微妙に重なる面はたしかにある。バブルがはじけて以降沈静化したけれど、郊外の山がどんどんゴルフ場やリゾート施設になったり、身近な雑木林が宅地や商業施設などに開発されてきた。奥山の天然林が伐採されて人工林に変えられたり、大型林道の開設のために伐採されたのも、近い過去のなかの事実だ。

林業がとても遠い存在の日本では、「木を伐る」ということが、単純化され、さまざまな「伐採イメージ」がいっしょくたになり、かつマイナスに大きく働いている。人工林で必要な手入れとしての間伐も、里山の資源を永続的に使い続ける仕組みのなかでの伐採も、「開発」

のための伐採とはまったく違う。また、再生産し続ける日本の林業のなかでは、収穫であっても伐りっぱなしではなかった（材価の低迷が、伐った後の山づくり――これを再造林という――をむずかしくさせている現状はある）。でも、私たち一般人がとらえる「伐採」の認識は、確実に前者（伐採はマイナス）に傾いている。

それを象徴的に物語っている！と感心（?）してしまったテレビＣＭがある。たしか七～八年前だったと思うが、政府公共広告で、原生林のような森でフル装備の作業者が唸るチェーンソーで太い木を倒しているものだ。木を伐る人が映し出され、それを小さな妖精の人形が悲しそうに見つめている。有名な脚本家がつくった芝居に登場していた人形だ。そこに「自然を大切に」というメッセージが流れる。いかにも木を伐るのは悪いことというイメージが強烈だった。

♪多様な使い方を実感

本来、「木を伐る」ことと「ふたたび木を育てる」こと、そして「使う」ことは、三点セットだ。当然ながら、無尽蔵に伐って使っていいわけはない。ところが、いまの日本は、このバランスがとても悪い。考え方のバランスも、現実の山にある木のバランスも。

でも、そのセットに自分も長いあいだ気づけなかったのだ。なにしろ、私の木を使う生活はあまりにも貧弱だった。いや、ないに等しかった。それは、街に暮らすいまの多くの人たちのごくふつうの暮らしだ。いいも悪いも、経験が圧倒的に不足している。そこから生じる自覚のなさや無知は、いろいろ経験してみることでどう変わるのだろうか、とあるとき思った。自分がもっと木を使う暮らしに近づいてみよう、と。

とにかく国産材を使えば、日本と世界双方の森林に寄与する。とはいえ、そうした「意味」のために使うというのは、どうしたってムリがある。もっと「木を使う」ことが、ふつうにならないものか。木や森との日常的なつきあいで、暮らしが豊かになる実感がもてたほうがずっといい。そこに、日本の森林環境にも世界の森林環境にもいいというのが後からついてきて、満足感はさらにあがる。

ワガママで好みのウルサイ街型人間である私は、これらの正当な大義のためにデザインも使い勝手も文句を言わずに黙って使い続けることはむずかしい。建築や家具などのモノについて言えば、残念ながら、国産材が使われない点のひとつに、この問題が無視できずにある。

モノそのものだけでなく、提示の仕方もまだ工夫の余地は大きい。「買う」以上、好みというものが当然ある。それに、私たちはいまや買い物に実利だけを求めてはいない。そこに夢というか、いい気持ちを見出せるようなプラスアルファとともに、何かを買うのだ。

大義のために、デザインも不都合もガマンしてくれる人たちは、常に少数だがいる。でも、そういう人たちだけを対象にしたのでは結局、広がりがないままになってしまう。だから、もっとふつうに、もっと自然に、ならないものか。それで、まずは自分が経験してみようと思った。

こうして、人工林の木を建築用に使うことを考え始めると、燃料や暖房としての木についても考えることになる。燃料問題・暖房問題と家はセットであることに気づくからだ。

そもそも、里山の荒廃は、燃料革命によって薪や炭を使わなくてすむようになったことに端を発している。そして、囲炉裏や火鉢という薪と炭を使うための道具立てをとっとと捨て去ったから、家の建て方も変わってしまう。結果的に、現代の住宅では、これらの木質燃料を使える「しつらい」がない。いまや、使いたくても使えない。

そこが、木質燃料が日本ほど凋落しなかった欧米との大きな違いだった。欧米は、地下などにボイラーを設置して給湯システムとともにセントラルヒーティングの全室暖房にしていったために、木質燃料もボイラーで利用できる住宅であり続けたのだ。そして、薪ストーブや暖炉が、嗜好としても脈々と残っている。便利な化石燃料を使いながらも、日本ほど薪を遠のかせはしていなかった。

里山の利用を取り戻すには、家の仕様から変えていかなければならない。何のことはない。人工林と里山をともに考えていく必要性を、家を建てることで知っていった。この家づくりが、実に大きな体験を私にもたらしてくれる。

まず、建築材として針葉樹がいかに優れているかを実感した。同時に、たまたま私の家のつくり手に「いろんな樹種を使う」人がいたおかげで、「木にはこんなに色彩の違いがあり、種類があり、それがみんな使えるものなのか!」という驚きも、強烈な実感だった。

たしかに、人工林の主要な目的は建築用材としての存在かもしれない。けれど、建築そのものに使えるのは一部にすぎず、残りは燃料や家具や資材として使う。一方の雑木林は、燃料としての山だったかもしれないが、その材はいろんな家具や道具としても使われていた。つまり、針葉樹の人工林も燃料重視の里山も、それぞれ主たる役割はあれど、多様な供給ができる広ーいキャパシティが本当はあると強烈に知ったのだ。

戦後の効率化や分業体制のもとで、人工林=建築材、里山=燃料と単純化されたのだろう。その結果、燃料としての里山はもう不用だから、人工林に、宅地にと、流れていってしまった。しかし、人工林も里山も一つの目的のためだけにあるわけではない。そう納得できた。

わが家は本当に、針葉樹も広葉樹も多彩にそろう針広混交林のような家になっている。そこからもらったインスピレーションは、私の夢物語を加速させた。人工林だって里山だって、必ずさまざまな付随した効用、利用のされ方がたくさんある、と。それは、森の木である間は人びとを憩わせ、動植物の住み処となり、さまざまなものを産する。最終的に伐られたときには、材がくまなく利用される。この多様な用途とあり方を体感させてくれたのが、わが家である。

♪どう手を加えて、どう育てるのか

個人的にはこのようにスッキリした思いをもったものの、現実には森はとても複雑な様相を呈していた。

人里から離れた大きな面積での人工林と人里近い里山というステレオタイプの分け方は、とてもできなくなっている。里山が燃料用としても農業用としても不要になり、人工林化されていったところも多いからだ。前の住まい地・横浜でもこの入り混じった状態をどう整理しながら手入れするのか悩みどころであったし、いまのわが家の前の林も同様な状態になっている。こうした林は、どういう手入れをするのがいいのかわかりにくい。何はともあれ、混みすぎた状態は解消せねばならない。でも、最終的にどういう方向にもっていくかの方針を立てるときの基準が曖昧だ。

実は、国が二〇〇一年に森林・林業基本法を制定したとき、この人工なのか天然なのかという分け方にすでにムリが出ていたという話を関係者から聞いた。たとえば、ヒノキの人工林で、これまでの五〇年生ではなく一〇〇年生まで育てるとする(新しい法律のもとでは、育てる期間がこれまでの約二倍で、スギは八〇年、ヒノキは一〇〇年となっている)。そのとき、環境面も考慮して広葉樹との混交林にしていくとすると、「植えたヒノキ、生えてくる広葉樹」というミックスされた山は人工林と呼ぶのか？　その人はこう言った。

「だから、これからの森林は、人が植えたものであっても、自然に生えてきたものであっても、どちらも人が手を加えてよりよく育てていこうという主旨なのだ」と。

この話は、私にはストンと腑に落ちた。現実に、自分がかかわる林がまさに「これはナニ林と呼んだらいいものか？」と困っていたからだ。「人工かそうでないか」にあまり大きな意味はなくなるという将来的な大きな流れの方向は、理解できるし、賛成だ。ただし、戦後五〇年ほどを徹底した単一の針葉樹での人工林づくりを奨励し、広葉樹、里山の木々をばんばん伐ることで単一化させていったのだから、「法律がこう変わりました。だから、みなさんもそうしてね」と言っても、スンナリ現場が右から左へ変わるわけはない。

「本当はクリとかコナラとか広葉樹も残したかったんだ。だけど、徹底して除伐して、植林した樹種だけにしないと補助金が出ないから、ぜーんぶ伐ったんだ！」

そう憤慨するオジサンに会ったことがある。たしかに、そういう誘導がされていたのは事実である。それが数十年後に方針が変わって、「伐らずに残したほうがいい」となったことに対して、「何をいまさら」と思うのは、これまた仕方ないと私は同情してしまう。

右から左へヒョイと変えたから、これでやりなさい、では話はすまない。どうしてそう変えたのかの理由や目的を、きちんと理解してもらう努力がいるではないか。きめ細かい徹底した周知をどう行うのか？　これまでの単一的なつくり方と育て方から、どうやって多様化させるのか？　四〇〜五〇年というサイクルで収穫させる計画を八〇〜一〇〇年とするためには、どうするのか？　いずれも、具体的でかつ科学的な根拠のあるやり方が示されなければならない。せめて、その努力が、姿勢が見えなければ、転換を徹底させることはむずかしい。

残念ながら、私にはそのあたりが見えてこない。個別にがんばっている人びとには多々会った。でも、大きな流れ、仕組みとしては、「わかりづらい、伝わっていない」の一言になっていく。

もちろん、法律が変わってからまだ数年では、現場になかなか反映されないのかもしれない。しかし、少なくとも方針は変わったのだ。林業を長い期間で行うこと、育てたい樹種と動植物が豊かに共存するような方向に向かうこと、単一の森にはしないこと……。

国の方針の変遷とは別に、独自に動いていた人たちがいる。あるいは、国際情勢を鑑みて独自に路線をつくった人。この方針の変更をただの看板の付け替えにとどめないように、具体的に研究を積み上げて、精査して行おうとする人。結果的には、それらは国が変えた方針と方向を同じくしている。果敢に小回りをきかせながら動いていた人たちの森——この場合は人工林——は、どんな姿をしているのだろうか。それは、これからの日本の森のあり方の道しるべになるのではないだろうか。

それを探って、自分の混乱と混沌を整理したい。

第4章　林業と森の豊かさの共存

♪「森が良くなる」の呪縛

「どう考えてもね、ふだんやっている作業で、これで森が『良くなっている』っていう感じは、しないいんだよネェ」

マリさんはコーヒーカップを置きながら言った。マリさんは、二〇〇〇年にIターンで長野県に来て林業に就職した友人だ。県の南部のグループで始めた後、北部でバリバリと伐採事業をしている小さな林業会社に移った。細い林道で、それも片側が崖なんていう場所で、材を積んだトラックをバックで操るなどという「ひぇーコワイよー、まじっすか！」と思う場面に数々遭遇しながら働いている。

コワイし、大変だけど、でも、林業は面白くてまだまだ本当に飽きないという。先輩たちが淡々・楽々とやる仕事振りをいずれ自分のものにして、男だとか女だとかの見方をされない実力で一人立ちしたいと言う口調は、「怖い、大変」とは裏腹に楽しそうに聞こえてしまう。

そのマリさんが冒頭のように言ったのは、私のボヤきが始まりだ。公益的機能、生物の多様性、生態系の豊かさを大きく掲げる林業政策に変わったというものの、具体的なことになるとナンだか雲をつかむようだという私のグチを聞いての発言だった。

もちろん、多くの森林関連の本には、人工林においては手入れによって森が「良くなる」と書かれている。そんなことはマリさんは百も承知だが、現実に自分が仕事をしたさまざまな現場での感触では、そう言い切ることに対して何か違和感を感じるというのだ。

「木材を出すと、どうしても部分的には土壌が荒れるところもあるよ。あんな重いもの引きずるんだから。それに、残した木に傷がつくことはやっぱりあるしね。そういうなかで『これで森が良くなる』とまで言うのがホントかなぁって……」

たしかに、光が入るようにはした。でも、すでに間伐の手入れが大幅に遅れている林でどれくらい木が健全に成長するものなのか。また、土壌にはものすごく負荷がかかっているところもある。それらはどのようなバランスで、何年ぐらいで回復されうるのか、あるいはしないのか……。マリさんの疑問と不安は、具体的・科学的に、どのような作業に対してどんなふうに回復のプロセスがあるのかがよくわからないままで「良くなる」と言わなければならないことへの、漠とした違和感ではなかろうか。

現状の混んだ人工林には間伐が最優先というのに、疑いはない。だが、それだけで、生きものの豊かな森林、つまり生態系の豊かな森林が「自動的に」できたりするものだろうか？　結果的にそうならば、こんないいことはない。そうであったらいいと思う。実際、自分が森の手入れをするときには、むずかしいことはおいといて、とにかく光を林内に入れることに第一目的がくる。

マリさんが最初に働いていたグループでは、手入れが遅れた林の間伐をする仕事が多かった。所有者にとっては経済的なメリットのない間伐で、それでもやろうと思わせるには、「森が良くなる」ことが大事なセールスポイントだ。実際に、作業の仕方に注意を払った丁寧な仕事をそのグループはしている。むやみと林内に生えている広葉樹を伐ってしまわないとか、人目につく林ならば間伐した材や枝葉をまとめて見栄えよくするとか、作業道を後から林内散策路として利用できるように最初から設計するとか、そういうきめ細やかさをもっていた。

ではあっても、マリさんには正直なところ、〈本当だろうか〉と心苦しさがいつもついてまわっていたという。長い目で見れば、たしかに間伐して光が入ったほうがいいのだろう。でも、少なくとも仕事をした直後の森の状態に、「これで森が良くなります」と胸を張って言うには気が引けて、辛かったのだと。

「ホラ、経験がまだあまりないから。結果をほとんど見てないじゃん。まあ何十年という話でもあるしね。いまの会社は、森を良くするために林業をするとか言わないから、気楽になったね」というのは本音だろう。そのほうがいいと思っているのではなく、きちんと確信がもてないままで「良さ」をアピールしなければならないことに対する良心の呵責からの解放で安堵していると思うのだ。

林業をやることによって、本当にこれで森が良くなっていると言ってしまっていいのかというマリさんのある種の畏れは、とても大事な感性だと思いながら、彼女の話を聞いていた。

♪林業は環境に負荷も与えている

「林業は、ただやっているだけで森林を良くするなんていうのはウソです。林業こそは、もっともストレートに森林環境にダメージを与えるものでもあるんですから」

三重県で約一一〇〇ヘクタールの所有山林を経営する速水《はやみ》林業の速水亨《とおる》さんがそうスッパリと言い切ったのを聞いたのは、一九九九年に開かれたシンポジウムの席上だ。パネラーのひとりとして森林政策について語るなかで、この言葉は発せられた。

もちろん、林業経営者である速水さんがそう言うのは、林業はだから環境に良くない、という結論に導くためではない。そのころ、森林に対する期待が木材生産から環境保護へと大きくシフトしていくなかで、いつのまにやら林業は森林環境を良くする仕事であるかのような物言いが林業関係者から出ていた。それに対して、これまでと同じやり方の林業では環境にとって決してプラスではない、と強く警鐘を鳴らしたのだ。むしろ「ただ」漫然と従来どおりの作業をする林業では森林に負担になるんだ、ということをもっと業界関係者が自覚すべきだ、と。

私のなかにそのころすでにあったモヤモヤは、この速水さんの発言でずいぶんスッキリした。林業は環境に是か非かという議論がうまく私のなかにおさまらなかったのは、そもそも前提が違うことに気づいたからだ。一方的に是非があったりするのではない。当然ながら、「やり方」に左右されるはずだ、と。

林業界ではそのことについての問題意識は決して高くないと感じていた。林業をきちんとやっていれば大丈夫なのだ、という前提に支配されているといったらいいか。「きちんと」というのは、従来のやり方を踏襲するというような意味だ。それは、人工林の荒廃は手入れが不十分だから起きている、という前提に集約される。そして、手入れできれば環境問題はクリアできるという流れにおさまっていく。そのスタンスにいるかぎり、やり方を根本的に見直すという発想は出てきにくい。

それに疑問をもつ私にとって、速水さんの発言は「やっぱり、やり方を問う姿勢が必要なんだ」と納得させてくれるものだった。その翌年、速水林業は日本で最初のFSC(森林管理協議会)による森林の環境認証を取得し、新聞各紙をにぎわす(FSCは、九三年にWWF(世界自然保護基金)などの環境保護団体、林業者、木材取引企業、先住民団体などによって組織された非営利の国際団体。森が健全かどうか、森が正しく管理されているか、森に働く人たちの暮らしが守られているかなどを独自に設けた基準で審査し、認証を与える。世界で認証された森は〇六年三月三一日現在、七二カ国、八一七カ所、面積約七三九四万ヘクタール。日本では速水林業を含め二四カ所が認定されている)。

私があの発言を聞いたとき、すでに着々と取得の準備をしている最中だったのだ。だから、林業全般がなんとなく環境に良いことをしているかのような流れの論調に強い危機感をもっていたのだと、後から気づいた。

それから数年経ついまでも、林業現場で、林業はやり方によっては環境に負荷を与えるという前提が当たり前になっているかと言えば、残念ながらそうとは思えない。生きものの豊かな森林をつくる、環境にとって良い林業が、理念としては当たり前になっている。しかし、考え方とやり方を間違えれば、森林に、ひいては環境にマイナスになるという意識をもったうえで、「生きものが豊か」「環境に良い」をどうめざすのかというステップになっているとは、なかなか感じられない。

正確に言えば、私の身近で林業をしている人たちや、取材などで出会う方たちの話や感触から、環境への影響や生態系への関心などをもって仕事していることは、強く感じる。たとえば、できるだけ下草を一律に刈らずにやりたいとか、残せる広葉樹は残すとか、道のつけ方を工夫するとか、動物や鳥の生息を気にかけるとか。でも、マリさんではないけれど、みんな個々人の意識の問題に任されがちというか、科学的データの裏づけや研究に基づいた技術・実践のレベルに整理されているとは言えない。また、現場で働く人たち同士がそれを共有するということは、まだ少ないようだ。

「理念から具体的に」と私が望み続けてしまうのは、現場で意識をもってやっている人たちが、「これでいいんだ」という指標やデータで裏づけられた方法を知りたがっていると感じるからだ。それは、一般の人たちに林業が環境にプラスとして働くことを説明するときにも絶対に役に立つわけだし。

♪環境配慮の人工林づくり

紀伊半島南部に位置する尾鷲《おわせ》林業地帯(三重県尾鷲市と紀北町《きほく》)は、伝統のある尾鷲ヒノキというブランド木材を産する地だ。そこで一七九〇年から林業を営む速水林業の森林は、針葉樹人工林八一三ヘクタール・広葉樹二四九ヘクタールにのぼる。広葉樹は常緑のシイ・カシ類が主だが、コナラなどの落葉樹も混じる。針葉樹人工林は九九%がヒノキで、この広大な人工林を徹底した環境配慮型林業で営んでいる。尾鷲は歴史のある林業地帯なので、速水さんの近隣には同様に一〇〇〇ヘクタールを越す山林を所有する林家がいる。その人たちを含めて、全国平均からいけば少数の大面積所有者だ。

速水さんが指摘する「ただ」の林業と、「環境に配慮」した林業とはどう違うのか。たとえば、次のような違いがある。

一般的には作業効率を考えて、間伐をする前に林内の植物を刈る。繁茂する草、灌木、樹木が残っていると、現場を歩くにしても、実際の伐る作業にしても、そしていままでは引き取り手がないので必ずやるとは限らないものの間伐材を出すにしても、ことごとく「邪魔」になるので効率が悪い。どうしても余分な手間がかかるからだ。

一方、速水林業では、これらの植物は刈らない。残したまま作業する。間伐する目当ての木の周囲、伐採時の退路が確保できる範囲(木を伐るときは、木が倒れる前に必ず離れる必要があるので、そのとき邪魔にならないようにする)だけ刈る。林内の土壌を極力荒らさないために、できるだけ植物を残す。

後述するが、林業においては究極のところ、いかに森林の土壌を荒らさずに豊かに保つかが鍵を握る、という考えに基づいているからだ。これまでの現場作業は、この点についてたいへん無頓着であったと速水さんはとらえている。土壌をいかに荒らさないかという視点を欠いた現場は、ストレートに森林土壌に負のインパクトを与えるということに対する自覚も認識もまだ欠けている、と。

間伐して光を入れることも、植林した木々の邪魔になる下草を数年間刈り続けることも、現場の森と植物と土壌の状況をきちんと調べずに機械的に「必要な作業」としてやり続ければ、「環境に対して負荷が大きい」と強く危惧している。実際、人工林では絶対に必要とされる植林後の下刈りを、速水林業では行わないことがある。

一メートルほどに成長した幼いヒノキのまわりに、ヒノキを凌駕するかしないか微妙な高さに繁茂したアカメガシワがある植林現場に行った。それら常緑広葉樹のほうが一見目立つから、ヒノキの植林地だとすぐには理解できなかったものの、近づくとヒノキはそれらに負けずに勢いよく育っている。つまり、他の植物は生えているけれど、ヒノキの背丈を越してはいないし、何よりヒノキが十分育っているのだから、それらの植物は成長の妨げにはなっていない。だから、わざわざ刈る必要はないというのだ。

「単純に下刈りがいる、いらない、と決めつけるんじゃないんです。労力と手間の面から言っても、やらなくてすむなら、やらないにこしたことはない。十分負けずに育っているなら、どうしてやる必要があるでしょうか」

一事が万事、速水さんといっしょに作業現場を歩いていて痛感するのは、決まったやり方を踏襲するのではなく、森林をよく見て、その状態に適するやり方を徹底してとっていることだ。そして、適するやり方の大前提にあるのは「環境に極力マイナスにならない」ことである。

♪生態系の確保と情報公開

もうひとつ大切な環境配慮は、個々の現場と作業の話だけではすまない林業ならではの「時間の流れ」と「広い面積」にわたるものについてだ。

植林後の若い林、旺盛に育っている二〇年生ぐらいの林、間伐中の三〇～四〇年生の林、収穫前の八〇年生に近づいていく各林齢の違う林……。いろんな状態の林が広い山林内にそれぞれある。多様性を確保するのは、このさまざまな状態を常に保つことが重要だからでもあった。林齢の異なる人工林ができるだけバランスをとって広大な山林に点在するように、配置している。しかも、ひとつの林だけでなく、時間の推移のなかでも多様性を維持する。

もちろん、広い面積を所有する林業経営者の山ならば、ふつう数種類の林齢の異なる人工林をつくっている。だが、その目的は収穫年の分散であって、豊かな生態系のバランスよい確保を目的に組み込むという発想は、少なくとも戦後の林業ではあまりなかったはずだ。結果として、そうなりはしても。

生きものには、いろんな棲み処を求める種がある。たとえば野鳥。見た目には人間には好ましく見えないようなボサボサの薮状態は、多くの鳥の営巣地となる。だから、美観や習慣で下刈りをする従来の林業を根本的に見直そうじゃないかと主張するのは、林業を請け負うNPO法人信州そまびとクラブの副理事長で、日本野鳥の会の長年の会員である杉山要《かなめ》さんだ。

モズ、コルリ、アオジ、アカハラなどが、この種の藪を利用して巣づくりをする。外敵から身を隠しやすいし、これらの鳥がエサにする蝶やガの幼虫は、それぞれ食べる植物の種類が特定されるから、その多さがそのまま昆虫や小動物の多さに関係すると考えられるという。

一方、皆伐した跡の明るい状態もまた必要である。モズがそういう場所を狩場にしたり、ビンズイは藪がなく木のまばらな地上を巣にしたりするそうだ。また、戦後の一斉の単一人工林造林のときに激増したウサギが、いまでは新しい植林地の激減によってこれまた激減し、そのウサギなどをエサにするイヌワシに甚大な影響を及ぼしている。

「鳥を指標にすると、森の状態を把握できます。現場で働く林業者がもう少し鳥の生態について知っていればなあと思うことは多いです」（杉山さん）

鳥によって森の状態がわかれば、現場に即さない一律的な作業を回避する手がかりになるかもしれないと、杉山さんは語る。もちろん、その前提として、現場で作業する林業者たちの話に耳を傾けて本当に必要な作業を精査する管理者側の受け皿体制が整わなければならない、とも強調しながら。

「残念ながら、いまの林業はまだ、現場と事務方との乖離が大きいです。それが、無駄な作業、環境や生態系にマイナスになるやり方を続けさせてしまっています」（杉山さん）

一方、速水林業の場合、その乖離のなさが特徴だろう。そして、現場のつくり方にせよ、個々の作業手法にせよ、現場の森林をよく見ると同時に職人的な勘や経験だけに頼るのではない。さまざまな科学的研究を探し、参照し、独自のデータを積み重ねる。たとえばホームページには、森林の現況データを掲載し、どういう方針と目的のもとにどのような管理・作業をしているかを写真つきで示している。木材生産におけるライフサイクルアセスメントを速水林業の木材生産と日本の平均的木材生産と比較分析した結果も掲載され、透明性を保つことにも努力している。

なお、速水さんの山では、植林後の草の処理には除草剤を使うことが多い。その薬品もホームページで公開している。除草剤というと自然に対する影響、ことに水に対しての不安をもつが、「八〇年かかる木の一生のなかの一年と、農業のように毎年何回も使う現実とを冷静に比較してもらいたい」と速水さんは言う。

森林に直接的に携わる林業が現在負っている社会的な責任は、これらの試みをとおして達成されるという姿勢の表れだ。

♪光がそそぐ明るい森

こうした理屈を知らずに速水さんの森林を訪れても、美しさはきっと感じられる。その美しさが、かような環境への配慮とベターな経営との合わせ技で生まれていることが大事なポイントになる。

尾鷲ブランドのヒノキがすっくと立つ森は、下にツバキ、シキミ、シイなどの常緑広葉樹と、ときどきコナラなどの落葉広葉樹が育ち、さらに木々の根元にはシダが繁茂している。上段・中段・下段と高さの異なる植物の立体感と微妙に色の違う緑の海が広がる。そして、このヒノキ林には、光がさしこむ。林内に太陽の光がきらきらと届くのだ。一瞬、そこがヒノキ林であることを、さらに常緑樹の森であることを、忘れるほどに。

ヒノキ林には暗い森が多いと、私は感じてきた。決してすべてのヒノキ人工林ではないものの、少なくとも落葉樹の多い森と比較したときの明るさには大きな違いがある。さらに、手入れの滞ったヒノキ林はとても悲惨な状態になる。

スギよりも耐陰性の強いヒノキは、光を浴びられずに多くの枝を枯れあがらせても、本体が枯れるのはかなり遅い。しかも、林内に光が入らないために、林床《りんしょう》（森林内の土壌面）には緑の植物が見当たらない。わずかな葉を頭の部分だけにつけたヒノキがひしめく森は真っ暗で、林内にはなーんにも植物が生えていないかのように、生きものが絶えた気配になるところさえ数々見た。

一方、常緑広葉樹が多く育つ天然林の印象もまた暗い。葉が厚いので、薄い葉をとおして光が林内にもれる落葉樹のような明るさにはなりにくい。やはり暗さが勝つ森となりがちだ。

二重に「暗さ」が印象される樹種で構成される速水さんの森は、けれど、光が確実にそそがれる。複数の樹種と、上中下という立体感のバリエーション、鳥の声、そして森のなかで感じられる日の光。自然にそのような森になっているのではなく、着実に人の手によって「つくられて」いるのだけれど、森のメカニズムや林業を知らなければ、ただの美しい自然の森と感じる人は多いだろう。

光が入り、243種類の植物が数えられるヒノキ林(写真提供：速水林業)

もちろん、単に訪れる者を喜ばせる美しさの「ため」だけにたくさんのことを考え、実践しているわけではない。林内に入って梢《こずえ》を仰ぎ見ながら、速水さんの説明を聞く。

「大事なのは、常に光が林床に入るようにすることなんです。いままでの林業の考え方は、樹冠(木の葉で覆われている部分の一番トップ)が鬱閉《うっぺい》(隣あった木々の樹冠が重なり、下から空が見えなくなる状態)したら間伐をするように指導しているんですね。それは林床の植生に光が届くようにするためだ、と。でも、樹冠が鬱閉したら光が届かなくなるんだから、それじゃ遅いんです。下層植生(高木の下に生える低木や灌木や草。これらが生えることで、土壌がむき出しにならない)を生やしたくないのならば、それでいい。そうやって光を遮ることに意味がある。でも、土壌を守り確保するには、下層植生が常にあるようにすることが必要です。そのためには、鬱閉する前に間伐し、常に光を林内に入れることが大事なんです」

たしかに、ヒノキの間から空が見える。一般的な林業の考えでは間伐直後から数年間の人工林では空が見えるが、やがて木々が太り、成長するにしたがい、ふたたび枝葉が伸びて、空が見えなくなる。そうなったら、次の間伐が必要になったサインだ。それが正しい間伐である。すでに、その「正論」が行えなくなっているのが大多数であるけれど。

さらに、現状では空が見えるほどの伐り方をしない間伐もある。実際の森林の混みすぎを考慮せずに、行政上で決められた割合(率)でしか伐らないために、結果的に間伐をしても樹冠がくっついたままで林内に光が入らない場合もあるのだ。

間伐する割合は本来、植栽本数やどういう材(細い材なのか太い材なのかなど)を育てるかによって異なる。一般的に一ヘクタールに三〇〇〇本を植林して、四〇~五〇年後に収穫するときの本数が四〇〇~五〇〇本と想定し、数年おきに本数を減らしていくという計算から、一回の間伐の割合が三〇%とされてきた。

しかし、行うべき間伐をしていなかった林は、本数が多いまま残っている。それを考慮せずに規定の割合で間伐するだけでは、混みすぎが解消されない。それゆえ、林内に光を入れるという間伐の効果が出ない林が多々出現してしまっている。また、ある時期までは木材が不足だったために、常に「伐りすぎ」の防止がこの割合の設定の大きな目的だったが、現状は「伐らなさすぎ」となっていることも、数字だけが一人歩きする弊害を生んでいると指摘される。

速水さんが徹底して下層植生にこだわるのは、前述したように土壌を豊かに守り保つ目的が第一にある。では、何のために徹底して土壌を守るのか？　それが結局は良質の木材を生産することになるからだ。

♪土壌が生み出す持続的森林と経営

速水林業では、高品質のヒノキならば、時代や経済の良し悪しに左右されずに常に需要があると想定してきた。高品質のヒノキをつくるには、長い生育期間が必要である。戦後の林業政策ではヒノキを五〇年で収穫するような設定だったが(〇一年の政策転換で、八〇年以上の長伐期に変更になった)、速水林業では八〇年以上のサイクルで品質の安定化をはかっている。それは同時に、経営の安定化にもつながる。

長期間にわたって木々に栄養が補給されるためには、土壌に養分が確保され、かつ、土壌が流出するなどの不安定な状態になってはいけない。ヒノキの落ち葉は、分解が遅く、ウロコ状のために流出しやすいと言われる。さまざまな樹種の落ち葉が蓄積されるほうが、養分・土壌確保の両面から良い。

「国が長伐期化を推進していますが、そのために何をどうするか明確になっていません。売れないから伐採する時期を延ばしていくとしたら、それは決して品質の高い木材を育てることにはなりませんよ。長い期間成長を維持できる土壌をどうつくっていくのか、そこをきちんと考えなければ」(速水さん)

経営者として持続的で高品質の木材を生産する林業を行うために考えた土壌は、同時に確実に環境を良好に維持する。落ち葉の豊かな腐葉土がクッションとして雨滴を柔らかく受けとめ、さまざまな土壌菌や土壌生物がいる空気の通る土が水をゆっくりと浸透させる。それが、一気に雨が川に流れ出てしまうことを防ぐ。森林が緑のダムと呼ばれる主たる機能は、この水分の浸透と一定した量の放出だ。この機能を発揮する一番大事なポイントも、土壌だった。

つまり、土壌を核にしていけば、その豊かさは生きものの豊かさと多様性にもつながる。経営としての持続性と、地域全体ひいては地球環境の保全という意味でも持続性がある。それらの一致があるからこそ、いかに土壌を確保し豊かに保つかを徹底するのだ。これらの多岐にわたる配慮や作業の考え方を一言で表す座右の銘を、速水さんは掲げている。「もっとも美しい森林は、またもっとも収穫多き森林である」というドイツの林学者アルフレート・メーラーの言葉である。

しばしば「環境にいいから」という名目で広葉樹の植栽が行われる昨今だ。目の前に生えている常緑広葉樹を指さして、「この常緑樹は植えたものじゃありませんよね?」と念のため確認してしまうと、笑いながら「そんな手間もカネもかけてられませんよ」と言って、速水さんはこう続けた。

「さっき話したやり方で常に林床に光が届いている状態にすれば、放っといても勝手に生えてきますから。やみくもな間伐をするだけで、放っておけば植生が戻るというのじゃないですよ。あくまでも、光がちゃんと林床に届くように間伐し、鬱閉させない。作業のときは土壌を極力、撹乱しない。間伐のときにすべての下層植生を刈ってしまうのではなく、必要最低限のところだけ刈って、そのときに広葉樹の稚樹があれば残すとかね。それさえ守れば、勝手に生えます。きれいでしょ？」

速水さんと話していると、一事が万事合理的で論理的でありつつ、育てる森林＝人工林に対する愛着とプライドがあふれるほど感じられる。世間一般では、天然の森が良くて豊か、人工林は良くない、というのが通説になっているので、「豊かな人工林はつくれるのに」という歯嚙みする思いもあわせて感じる。

それを裏づけるように、速水さんの森林のデータには次のようなものがある。二〇〇〇年六月に富村環境事務所に依頼して行われた植物・土壌・鳥類・昆虫類についての調査では、植物種の数は、生態保護林（六〇ヘクタール）で、ほとんど広葉樹林）で一八五種に対して、ヒノキ人工林で二四三種を数えたという。

速水さんの解説によると、広葉樹は植物の進化としては針葉樹よりも進んだ形態で、たとえばドングリは、スギやヒノキの種子よりも複雑な構造になっているという。そして、アレロパシー(他感作用)といって、植物がもっている他の植物に影響を与える化学的作用において、コナラやブナなどの種類は自分のまわりに(他の植物を)寄せつけない排他的な機能が強いそうだ。

「針葉樹林に比べて、このような広葉樹林の下草の繁茂が少なくなる可能性があることは、植物を知る者には常識です。でも、森林を管理する現場ではそれが語られることはあまりないですよ。むろん、手入れされていない針葉樹林は論外ですが」

案内された広葉樹の森の林床を指し示しながら、「いま見てきたヒノキ林よりも確実に植物が少ないでしょ?」と言われると、たしかにそうなのだ。

これまでの知識とも印象とも正反対の話なので、心情的にスンナリ納得できないけれど、何といってもきちんとデータを集め、裏づけをとっている。イメージと理想論、そして経験論で占められがちな従来の林業を批判する速水さんのもうひとつの姿勢は、科学的に林業・森林をとらえなければならないというものだ(第5章参照)。といって、経験や職人的「技」を嫌っているわけではない。ただ、日本では極端にそちらへ振れてしまうことを警戒している。

ことに最近は、Iターンで林業に新しく入る人が増えているが、そういう人たちに対する現場でのちぐはぐさを指摘する。林業の姿として環境への貢献や生態系豊かな生きものとの共存を謳いながら、実際の現場ではそのために何をどうするのか具体的な指示も訓練もない。結果的には画一化や効率性を追求して、それでも放っとけばいずれなんとかなる式の林業がややもすれば行われがちであるという。

科学的にとらえる姿勢は、プロの林業現場だけでなく、昨今増えている森林ボランティアの現場も含めて、森に対して人為をなすときにはもっている必要があると思う。それは、目の前にある自分がかかわる森林の正確な姿を知ろうとすることであり、そこに働きかける自分たちの行為がどんな結果をもたらしていくのかを、なるべく理解しようとすることであり、大前提として森林に及ぼすマイナスを除く姿勢だろう。これらを支えるのが、速水さんの主張する「森林を科学すること」だと思う。

しかも、研究や学問レベルでそれらが解明されて終わってはいけない。実際の現場、林業という仕事、森づくりという営みにすみずみまで利用されうる「科学」であってもらわないと困る。

経験と技はもちろんとても大事で、軽視されてはいけない。同時に、それらが科学的な裏づけのもとに発揮されたほうが、絶対プラスに働く。どちらかに偏るのではなく、両方のバランスよい利用が大事である。

♪時代を先どる林業

青森県、と言っても岩手県にほど近い三戸《さんのへ》郡にある福地《ふくち》村(取材時。現在は南部《なんぶ》町)。文書記録に残っているかぎり、一九世紀初め(文化・文政のころ)から林業を営んできた田中林業(戦後、専業林家に)の九代目となる田中裕《ひろし》さんの森林は、ある面で時代を先どる姿をしている。スギの人工林がことごとく針広混交林になり、その人工林よりも広葉樹が主体の天然生林が多いからだ。しかも、それらすべてにおいて、用材生産のための長伐期(針葉樹も広葉樹も一〇〇生以上)で大径木(太い木)を育てる、育成天然生林主体の森林経営をしている。

所有森林は一七五ヘクタールで、そのうち人工林は五七ヘクタール(ほとんどスギ、少しアカマツ)。割合からいくと、三分の一しか人工林にしていない。一一八ヘクタールは天然生林で、内訳はアカマツが四七ヘクタール、広葉樹(樹種はケヤキ、コナラ、クリ、ホオ、ハリギリ、オニグルミなど)七一ヘクタール。

さらに、割合として少ない人工林であるにもかかわらず、スギとかアカマツだけの一律にはなっていない。二〇年生ぐらいまでのスギ林は一見、スギ一色に見える。でも、下層植生がわさわさと豊富なので、下刈りと除伐で植林した木以外を徹底して刈る方針だった最近までの一般的な人工林の姿からいくと、草木が繁茂している印象だ。三〇年生以上のスギ林になると広葉樹の存在感が増し、四〇年生以上となるとスギのなかにケヤキやホオやクリなどがいっしょに育っていることが明らかになってくる。それらは、将来木材になるように下層植生のなかから選別された木々たちだ。

人工林のスギと、広葉樹のケヤキやホオなどが競り合う大きさで並んだ一角も、何カ所かある。これまでの私の知識と経験では、確実に広葉樹が伐られてスギが残されると思っていたのに、スギがまわりの広葉樹に押されて劣勢になりつつあっても、広葉樹が伐られていない。田中さんは、さらっと言った。

「ウチの場合、スギだからと優先して残すようなことはしないんです。スギでも広葉樹でも、大きくなっていくほうを残せばいいので。植えたスギだからそっちを残す、というのではないんですね。まあ、なんといってもスギは日本中で余ってますし、こうして後から生えてきた広葉樹は結局、土地にあっているせいか成長がいいんですね。だから、追いついてきたようなときは、たいてい広葉樹を残していくかな」

広葉樹は、針葉樹と比較して枝を広く横手に広げていくタイプが多い。一本の木が専有する土地の面積が、針葉樹よりも欲張りになる傾向がある。その広げた枝に光を受けとめるので、枝下に入った植物は光不足になって育ちにくい。何よりも、四〇年から五〇年の収穫サイクルを設けていた戦後からつい数年前までの人工林林業からいくと、一〇〇年以上の年月を要する用材用広葉樹を育てる林業では経営が成り立たないというのが一般的だ。当然、植えた針葉樹の邪魔になるものはせっせと刈っていくのが「良い林業」だった。

これに対して、もともとスギも長伐期で育ててきた田中林業では、スギだから早く、広葉樹は時間がかかりすぎる、という感覚をもっていない。田中さんの山の広葉樹のなかで、もっとも多いのはケヤキだ。現在のようにスギの材価が手ひどく悪い状況でも(山での立っているスギの値段は一九五〇年代とほぼ同じ)何とか専業林家としてやれるのは、「ケヤキのおかげです。それでも、国産材がこれほど使われない現状では青息吐息ですが(笑)」と言う。

「私の父は、祖父が早く亡くなったもので、若くして跡をとりました。祖父の代からうちで山守りをしてくれていた人たちの教えを受けて、ケヤキはじめ広葉樹の母樹を残して大事にそれらも育てる、というやり方をしてきたんですね。戦後に一斉造林の方針が出ましたが、父はそういうの好きじゃないというか、それをしなかったんです」

田中さん自身、いまのこの山の状態があるのはひとえに先人のおかげと言う。育てている広葉樹のなかでもとくにケヤキは蓄積が多く(胸の高さの直径で三四~三五センチになっている木が二〇〇〇本以上ある)、育ててきた歴史も長い。そして、ケヤキは銘木扱いをされる「有用樹種」の筆頭にある広葉樹で、建築用材としても家具材としても評価が高い材だ。そのケヤキが山に散在しているおかげで、いまでもなんとか専業でいられるのだ、と。

♪木材生産と多様さの共存

そういう家風というか、針葉樹に偏らない山のつくり方をするなかで山を見てきた田中さんは、植林したスギでも後から出てくる広葉樹でも、育ちと質が良い、つまり形が良くまっすぐ伸びて太るという一点のみで、木を選別する。スギだから、広葉樹だから、という区別はな

針葉樹も広葉樹も大らかに大木に育てられる

い。結果、スギ林に広葉樹が混じったりアカマツと広葉樹が混じったりの針広混交林がいたるところにできあがった。

広葉樹が大きくなっている下にスギが育つ場所もある。生えてきたのではなく、広葉樹の下に植えている。

実は、拡大造林の流れのなかで諸般の事情で断れず、樹種転換して人工林にした場所が何ヘクタールかある。その方向でいけば、広葉樹はスギの成長に邪魔になるので伐られるのがふつうだ。しかし、広葉樹を一段下に見る視点がないから、せっかく大きくなった木を伐る必要はないし、その下でも育つスギがあるならば育てる。こうして、一般的にはあまり見られない、広葉樹の下にスギが植えられる形にあいなった。だから、スギの下に広葉樹、スギと同じような大きさで並存して広葉樹、さらに広葉樹の下にスギというように、いろんなパターンで針広混交になっているのだ。

田中さんと話しながら山を見てまわると、大らかでシンプルな気持ちになる。樹種に対しての貴賤がなく、「質のいい、大きくなる木を育てる」という一点を基準にして、土地、地形、状況に合わせて山を見て、木々の顔ぶれや育ち具合を吟味し、選び残していく。一本ずつの木をきちんと見て育てているという姿勢が、聞くこちらになんとも言えない安心感と温かい気持ちをもたらす。木が大事にされている、と実感するのだ。

七〇年生、八〇年生の太く高くなっているスギのなかに——田中さんのスギは高さが平均して二九メートルにもなる——同じような太さでアカマツがあったり、ケヤキがあったりする。そして、次なる世代の若木のケヤキやホオやクリなどが、それら大木の下に点在して育つ森の様子は、風景に厚みがある。時間の積み重ねが感じられる。大きさもさりながら、顔ぶれがいろいろなので楽しい。

田中さんの山の天然生林は、もともとは薪炭林だ。六〇年代まで盛んにこのあたり一帯でなされていた炭焼きでは、まだチェーンソーなどの動力が使われていなかったので、効率的に一斉に伐るということはされなかった。木炭用のコナラだけを抜き伐りして、その場で炭に焼いていたという。

「場所貸しというのか、山の木とその場所で炭に焼くこととあわせて利用しに炭焼きの人が山に入る、という形でした。結果的に、手入れのような格好で間引かれたんですね。ケヤキとかホオとかその他の広葉樹は、炭には使われませんでしたから。それで、木炭の需要がなくなった後に、広葉樹の用材として残っていた木を大径材に育てるようにしたんです」

田中さんのように、スギでもアカマツでも広葉樹でも、等しく一〇〇年以上のサイクルで循環させている林家にとっては、「広葉樹は時間がかかって経営的にバツ」とはならない。逆に、シンプルだが理にかなったこんな考え方で山がつくられていた。

「実際、うちが苦しいながらもなんとかやれているのは、スギだけにしなかったからなんです。断れなくて一五ヘクタールほど人工林を増やしたんですが、正直後悔してます。本当に、先人が残しておいてくれた広葉樹のおかげですから。ずっと母樹を、人工林のなかでも残してきましたから、うちの山はどこにでも母樹になる木があるんです。だから、手を入れて空間があくと、林には何かしら生えてくる。それで、その生えてきた木を育てていくだけなんです」

広葉樹は、ある時期まで混ませて育てる。広葉樹は針葉樹と違って幹と枝の境が区別しにくい。「地面から最初に広がる太い枝（力枝《ちからえだ》という）までのまっすぐな部分が一・八メートルほどあるかないかが商品となるかどうかの分岐点」と、研究者から教わったことがある。そのため、最初の枝が広がる前にいかにまっすぐある程度の高さまで伸ばすかが大きな鍵を握るのだ、と。

田中さんのところも、混ませてまっすぐに伸びた時点で、将来的に、つまり一〇〇年以上に育てる木を選ぶ。そして、それに邪魔になる場合はふたたび下層植生を一〜二回刈っていく。自然の力とサイクルを利用させてもらっている林業という印象だ。

国の林業の方針が、四〇〜五〇年生の短いサイクルから八〇〜一〇〇年生の長いサイクルに変わり、樹種の多様さを是とするようになったことで、以前から変わらずにやってきた田中さんの山の仕立て方が、先取りしたモデルのように見える。そう言うと、照れながら「私がやったというのじゃなく、先人が残しておいてくれたからですねぇ」と、自分の代だけではできなかったことを強調される。

「とにかく、うちの山は——山といっても丘に近いです。標高一〇〇メートルもありませんから——いたるところに母樹がありますから。母樹を残してないとろでは、それはむずかしい話だと思いますね」

丘と呼ぶにふさわしい平坦さの利点は、林道の密度に表れている。田中さんの林内の道は、公称一四〇〜一五〇メートル(一ヘクタールあたりに延べで計算される距離)だが、実際はより簡単な道も含めると二〇〇メートルにもなる。つまり、どの林の材も道に出しやすいのだ。それも他の地域との違いとしては大きい。

実際の山の仕事は、森林組合や製材所の作業員などに依頼する。スギを残して他の木を伐るという一般的やり方ではないから、仕事する人がはじめてだったりするときは注意を要する。

「慣れていない人のときは、たとえばスギの後からアカマツが生えてきたら、すかさずアカマツを伐られちゃったりしますね。後から生えてきても、勢いが良くて追い越しそうなときは、アカマツを残すんですが……。でも、うちのやり方に慣れてくればそれほどむずかしくありませんから大丈夫です」

一本ずつ丹念に山と木々との様子を見つめながら育てる木々。こんなに広い面積で、一本ずつを見るなんてできるんだろうかと思われるかもしれない。それを可能にするのが、育てる時間の長さなのではないかと思っていた。

農業のように一年とか、あるいは請負仕事として今年だけとか、短期間でやるのではなく、それこそ一〇〇年以上という木の生涯のなかで――もちろん手入れの必要な集中度は前半生に重きがおかれるが――適時行われる作業ばかりで、それが山をつくるという仕事の大きな特徴なのだろうと思えてくる。それぐらい、田中さんはごくふつうのこととして、一〇〇年という年月と一本ずつの木の顔を見る仕事ぶりを語る。

♪一貫した方針の森林経営

速水さんが強調したように、林業は森林に直接的に手を入れていくので環境との関係はとても深い。やり方しだいで、負荷を与えるマイナスの影響を抑えられることは、速水さんの山でも田中さんの山でもよくよく理解できた。

地域性も構成している樹種も、山の傾斜も規模も、作業をする人たちも手法も、それぞれ異なるものの、お二人の姿勢には次のような点が共通している。山の状態をよく観察し、自然に逆らわず、それがムダを省くことにもつながっていく。合理的で、自然に即していて、かつ、長期間をかけて太く育てるという目標が明確だ。方針が歴史をともなって一貫している。時代の変化で加味されたり強調されたりしていく部分はあっても、連続性のある方針のもとで段階ごとの仕事が決められているのはたしかだ。

一方、冒頭のマリさんや、鳥を指標にしてもっと環境に配慮した仕事の仕方が可能ではないかと言った杉山さんのように、林業を仕事として請け負う立場の人たちは、自分たちの林業観・環境観で仕事ができるわけではない。その場かぎりのような、あるいはこれが本当に木や山に良いのだろうかと環境以前に考え込んでしまうこともあるという彼らの話は、日本の森林全体から言うと多数派になる。

何度も書くように、日本では速水さんや田中さんのように森林経営をしている森林所有者は少ない。だから、一貫した森林管理ができない状態に置かれている森林が多い。

こうした状況では、林業が環境に負荷をかけずになされるやり方はまちがいなくあるものの、その実施は、いまのところ「当たり前」とはなっていないと見ていい。そう取材をとおして感じていった。それは、どうしたら当たり前になっていくのだろうか？

第5章　林業を科学する

♪自然を再生する

二〇〇四年の春先、北海道で環境コンサルタント会社を経営している知人の孫田敏《そんださとし》さんに問い合わせをした。

「北海道で、環境に配慮した林業・人工林づくりをしているケースを知りません？」と。

すると彼は、環境省のプロジェクトで、ある自然再生モデル事業に加わっているという。どうしたら人工林を自然の森に戻せるのか、検証しながら進めていくそうだ。

二〇〇三年一月に「自然再生推進法」という法律が施行された。第二条では、「自然再生」はこう定義されている。

「過去に損なわれた生態系その他の自然環境を取り戻すことを目的として、(中略)多様な主体が参加して、河川、湿原、干潟、藻場、里山、森林その他の自然環境を保全し、再生し、若しくは創出し、又はその状態を維持管理することをいう」

法律の施行前の〇二年から、パイロット事業として自然環境を再生する取り組みが釧路湿原で行われているという。大学の林学科を卒業し、林業系のコンサルタントもしてきた孫田さんは翌年から加わり、達古武《たっこぶ》地域(釧路町)のカラマツ人工林約一二〇ヘクタールを自然林に戻すプロジェクトに参加している。

なぜ、人工林を自然林に戻すのか。それは、下刈りなどによる単調な植生や笹地が目立ち、土砂流出抑制機能や保水力の低下、沼・湿原と森林の相互作用で支えられてきた多様な生物の生息環境の悪化が懸念されるようになったからだという。

このプロジェクトでは、人為を加えて改変し続けてきた自然を「戻す」というのがどういうことなのか、それはそもそも可能なのか、どの時点に戻すのがいいのか、などさまざまな討議や検討、問題提起がなされてきたという。シンポジウムや討論の結果を『自然再生　釧路から始まる』(環境省、自然環境共生技術協会編、ぎょうせい、二〇〇四年)にまとめて、形に残しながら進んでいる。このカラマツ人工林に対しては、現場につくった試験地の結果をもとに、一二〇ヘクタール全体を手がけていくそうだ。

戦後造林されたそのカラマツ林は「皮肉なことに」、たいへん手入れが行き届いた優良人工林だったという。従来の林業の教科書どおりに、植林後数年の下刈り、除伐、約四〇年間で二〜三回の間伐がされている。だから、話を聞いたときは、〈なんだか、もったいない〉とも思った。日本中に手入れ不足の人工林が多いなかで、そんなにきちんと手入れをされた林が自然林に戻されるということに、チグハグな気持ちが湧いたのだ。

「せっかくだから、人工林としての寿命を全うしてもらってから自然林に戻すほうが、よくはないですか？」と私。

「ええ、それはもちろん考えています。広葉樹を一気に伐って針葉樹人工林にした反動で、今度は針葉樹を一気に伐って広葉樹を植える、なんてことはしちゃいけない。しばしばありますけどね（苦笑）。この自然林再生だけではありませんが、今回のプロジェクトでは、基本的に『受動的手法』を多用する方向にあります」と、孫田さんは次のように説明した。

「受動的手法」とは、人為的干渉を最小限にとどめ、仕上げは自然に任せるという考え方だ。もちろん段階があり、もっとも受動的なのは「放置」である。放置しても自然林が再生するならば、それにこしたことはない。でも、放置では再生できなかったり、スピードが極端に遅い場合には、どの程度の能動的かかわりをするかも検討項目になる。つまり、もっとも受動からもっとも能動までの幅広さのどこを選ぶのが適切か、試験地を設けて決めていくのだという。

♪検証することの大切さ

「百聞は一見に如かずですよ」と孫田さんにそのカラマツ林を案内してもらったのは、〇四年の秋だった。黄葉がまだ残る一面のカラマツ林は、数回の間伐の成果で木々の間隔が十分にあいていて、青空のもと伸び伸びと清々しい。カラマツの下を一面覆うのは笹。一見、黄葉をまとったカラマツと、根元を覆う低い緑の笹とのコントラストが、整然とした美を醸し出す。それをじかに感じた後で、孫田さんの話を聞きながらもう一度目前の林を見ると、まったく違った趣に見えてくる。

「下草刈りでカラマツ以外の樹木を刈り、除伐でまた刈り、間伐のときにもまた刈ります(間伐作業の邪魔になるから)。徹底して下層植生が刈られ続けた結果、カラマツ以外の樹木がほとんど見当たらないんです、ここは。いままでの林業の手入れでいけば、どうしてもそうなるんですね、目的樹種以外は取り除くから。おまけに牛の林内放牧もされたりした経緯があるから、よけいなんですけど。その後放牧されなくなってから笹に林床を覆われて、これだけ間伐されて光が入ってきても、新しく広葉樹が育たないんです」

笹はやっかいな存在だ。笹に林床が覆われると、仮に種が落ちていても、笹に遮られて光が十分届きにくいためになかなか芽生えてこない。かといって、完璧に悪者とも言えなくて、笹があるおかげで寒さが和らげられて、逆に植物を守る側面もあると、北海道で林務行政に携わっていた人に聞いたことがある。でも、新たに生えて育つ環境としては、やはり笹はかなりやっかい視される。

「林業では、間伐して光が入れば木が生えてくると言います。そういうケースももちろんあるでしょうが、それまでの手入れによる他の樹木の刈りすぎや、笹が繁茂しやすい地域では、本当に間伐しただけでその土地本来の木が生えてくるのか疑問です。何よりも、それをきちんと検証していないんですよね。だから、ここではきちっとデータをとりながら、検証しつつ進めようとしています」

たとえば、母樹からどのくらいの距離で広葉樹が生えてくるのかという実験がある。現在、林内には、広葉樹の母樹となる林から五〇メートルまでを五メートルずつ区切った四つの実験区がつくられている。

①笹を刈った後、機械で表層を反転させ、地面を露出させる。②笹を刈った後、人力で地面を露出させる。③笹刈りだけをする。④夏にカラマツの間伐をする。そして、これらの実験区の隣五メートルは対称区とし、笹刈りなどの手入れをせずに、それぞれ稚樹の発生量を観察していく(図1)。

また、各実験区と対称区のそれぞれ半分にはシカの防除柵を設け、食害の発生とその防止への柵の効果も見ることになっている。これらの実験の結果で芳しい方法を全体に採用する予定だそうだ。

カラマツ人工林内には前述のようにほとんど他の樹種がないものの、林の縁や道を一本隔てた別の林には、もともとこの地域に育つ落葉広葉樹のシラカバやダケカンバ、ミズナラなどがあった。それらが母樹となりうるのか、どれぐらいの距離ならそれが可能なのか、笹の問題は

図1　達古武地域のカラマツ林(環境省所管)における自然再生手法検討のための試験区の概要

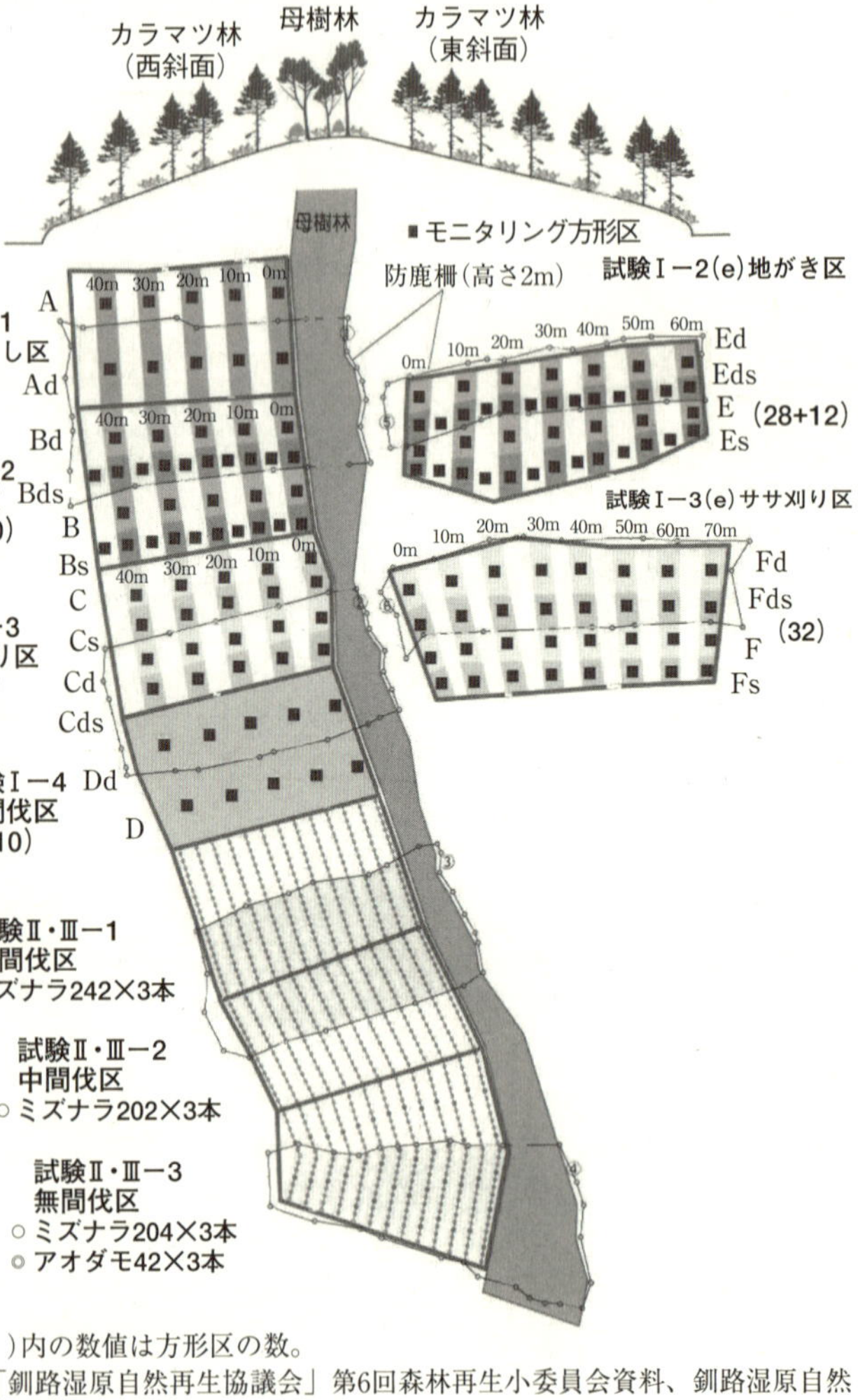

(注)(　)内の数値は方形区の数。
(出典)「釧路湿原自然再生協議会」第6回森林再生小委員会資料、釧路湿原自然再生協議会運営事務局、2006年。

どの程度あるかなどが、この数年で検証されようとしていた。母樹予定の広葉樹からの種の落下量も計測される。孫田さんたちがこの事業を計画立案したときの文書に、次のような一文がある。

〈林業的には造林地での林種転換ということは行なわれてきている。主に現地で経験的に行なわれ、事例としては積み重なっているが、なぜ成功したか、なぜ失敗したかということはあきらかにされてきていない〉

それゆえ、〈データを定量的に取り扱い、解析するという科学的な分析手法の導入が欠かせない〉と、これらの実証計画をつくった流れが書かれていた。

♪経験か科学か

以前、知人の林業ライターに、孫田さんの言うデータとか検証について聞いてみたことがある。仕事でいろんな林業現場に行く彼に、「いまの林業現場では、そのあたりはどう受けとめられているものだろうか？」と。

うーん…と考えた後、彼は言葉を選びながら答えた。

「必要性を感じていないというか、なじんでいないですよね、そういうデータをとったりするということに。以前は林業をちゃんとやっていれば環境にもいいという前提があったし、逆に言えば、だからデータをとる必要性も感じていないというかな」

そう言われてみてつらつら思い出すに、自分が出会った山で働くオジサンたちから、「データ」とか「科学的に検証する」という言葉がどこを押しても出てくるとは思えないことに気がついた。研究としては、林業にも当然ながら、データや検証という科学的スタンスはあるだろう。でも、林業の実際の現場では、それらはまったく異質な世界というと語弊があるが、別の世界の話をされている感覚になるのは事実だった。それが、孫田さんたちの言う「経験的に行われ、事例としては積み重なっているが」という部分だろう。

一九九五年に山仕事塾ではじめて触れた実際の人工林の現場では、「ちゃんと林業をやっていればたしかにプラスがあるんだな」と感動したことが多々ある。たとえば、手入れをしている人工林は光が入って植生が良くなるというのはウソではない気がした。実際、その場所では下層植生に山つつじが多かったが、間伐して光が入るところは花がよく咲くのに、手入れがされていない隣の林では花が咲かないのだ。

私が感じた「ちゃんと」という意味は、「機械的に、効率よく、一斉に」という意味ではない。私が「ああ、そうやれば決して悪くはないのか」と実感していったのは、月並みだが「きちんと見て、状況に即して手を出す」ということになると思う。植えた木の状態をきちんと見るのはもちろん、周囲に生えてきた他の樹木を機械的に取り除くのではなく、目的があれば残すとか、道のつけ方を工夫するとか、山づくりに対してきめこまかな手入れをしている場合には、たしかに環境的にもマイナスにはならないのではないかと強く感じていた。

でも、その自分の経験をそのまま「林業はきちんとやれば環境にいい」とまで言えるかと問われれば、大きく疑問だった。それは、一斉に広い範囲で行われる林業には、この「きちんと見て、見た結果に合わせて考えて、行う」ことがないと強く感じたからだ。一律、機械的。現場対応で考え、実行する余地があまりにない。

「科学的に」というと、冷たくも、また林業の現場ではなじみにくいものにも見えるのかもしれないが、基本はこの「きちんと現場を見て、即応して考える」ではないのだろうか？　そのうえで、地道にデータを蓄積したり、経年変化を見たり、という検証をしながら現場に生かしていくのが、科学的ということなんだと思う。

ただ、そこでぶつかる壁がやはり林業にはある。一つは、結果を出すまでに要する時間がとても長いこと。戦後の人工林の目標サイクルでさえ四〇〜五〇年。新しい法律のもとでは八〇〜一〇〇年のサイクルが打ち出されている。その長い時間の経過を経てからモノを言うというのは、やはりむずかしい。また、気候風土に強く影響される自然相手では、「あそこでの結果がそのままこっちの結果として使える」とは言えないことがまた多い。しばしば、谷一つ、ちょっとした斜面の違いで植生が違うという話は、地方に行くとよく耳にする。

一般的に科学が客観性・再現性を求められるなかで、そもそも森林に科学が適するのかという大きな疑問も湧いてしまう。ではあっても、いまや避けては通れない。

これまでは、人工林は業界関係者のなかで理解と実践ができればすんでいたし、そこで通じる話をしていればよかった。だから、ことさらデータや検証という過程をとる必要性もあまりなかったのではないか。

しかし、環境保全機能としての森林の位置づけが大きくなっているいま、人工林に求められる機能は、木材生産よりも公益的な側面が大きくなっている。すべての人が恩恵を享受する以上、業界内だけで通じるあうんの話だけでは、もうすまない。ことに、そこにさまざまな形で税金が投入されるとあれば、誰にでもわかりやすい形で目的や効果が示せるようにすることが求められるのは当然だ。

そして、その手段として、実地で積み重ねるデータはたいへん有効だ。ただし、ただデータを扱うことが「科学的」ではないことをまた十分に理解しておかないと、ふたたびおかしなことになる危惧はある。

♪徹底した精査を

私が林業と環境とのバランスのとり方をあらためて強く模索しだしたころ、藤森隆郎《ふじもりたかお》さんの『森との共生——持続可能な社会のために』(丸善、二〇〇〇年)を読んで驚いたことがある。次の部分だ。

「『日本は温暖多雨で植物の生育に適している。だから日本は林業に適している』と教えられてきた。しかし、日本の環境はスギやヒノキの生育のみに適した環境ではなく、様々な植物が繁茂する。したがって『日本は、植物の生育に適していて、種の多様性が高く、目的樹種との競争が激しく、更新保育経費が高くついて林業に適しているとはいえない』というべきである」

日本は植物の豊かな国で、明らかに恵まれた森林国である。だが、こと「人間がほしい樹種だけを育てる」人工林づくりという面から見れば、逆に樹種の多さ、すべての生育の良さから、競争が激しくなる。それがさまざまな人手を要する背景となり、決して「林業にとって良い条件にはない」というのだ。これを読んで、人件費などでは大差のない欧米林業地と比べて日本が一連の森づくりにかかる経費が一〇倍近かったりする理由が、一面で深く納得できた。

欧米など多くの林業先進国では、そもそも建築用材に使われる針葉樹が優先的に育つ気候にある。放っておいても、針葉樹が落ちてきた種からまた生えて、育ってくれる。ゆえに、植林しない天然更新もかなり行われている。また、大ざっぱなくくり方で言えば、乾燥していて、さまざまな植物が繁茂する地帯ではないので、生えた針葉樹を他の植物から守るための下刈りもほとんど必要としない地域が多い。

日本ではこれまで、作業全般の経費の削減ができないことと、林業の体質の古さやさまざまに効率化できないことを、人的努力の欠如と見る向きが圧倒的だった。その部分もたしかにあると思うが、それとは別に、人的努力ではいかんともしがたい本質的な風土の面で決定的違いがあることを藤森さんの本は指摘している。だから、コストがかかっても仕方がないとか、林業には向かないという論旨ではない。そういう厳然とある自然の摂理をきちんと理解したうえで林業をどうやっていくのか考えるべきだ、と藤森さんは主張していた。

一九九二年のリオ・サミットで森林原則声明が発せられ、持続可能な森林管理の重要性が強調された。そして、持続可能な森林管理とはどういうものかを検討する国連傘下の専門家委員会を設置。いまは社団法人日本森林技術協会の技術指導役を務める藤森さんは、その専門委員として参画した。日本を含むEU以外の温帯および北方林諸国の持続可能な森林管理の基準と指標を示すものをモントリオール・プロセスと呼び、そのほかEUのもの（ヘルシンキ・プロセス）、アマゾン諸国のもの（タラポト・プロポーザル）など七つのグループの基準と指標が作成されている。これらの合意のもとで自然環境や社会的条件が類似する国々が集まって、基準と指標をもとに持続可能な森林管理に向かった話し合いが続けられている。

そこで「持続可能な森林管理」とはどういうものかの共有基盤と指針をつくる作業をし、その過程で藤森さんはより深く世界の状況を知った。そして、世界的な森林破壊と減少が深刻であるなか、日本は「コスト高にはなっても、自国の木材自給率を上げるのが国際社会の一員としての義務だ」と強く実感したという。

「コスト高になる前提をもちながら、木材を自給する道を実践しなければならない。そのジレンマをまず自覚する必要があります。どうしたらこのジレンマをなるべく小さくできるかを考えることが大事なのです。結論としては、林業がしやすい地域とそうではない地域をきちんと精査して分けていくことが絶対に必要です」

それは、植物が繁茂しやすい日本の風土に、膨大な面積の単一針葉樹人工林をつくるのが経済的・効率的に言えばいかに無理があったかをまずは自覚することである。今後に関しては、数字的にやみくもに単一人工林面積を減らせばすむ話ではない。適地適所の精査が大事になるという。

たとえば、長野の木曽、埼玉の飯能《はんのう》、奈良の吉野など古くからの林業地は、針葉樹成育の適地だった。こうした名の知れた林業地でなくても、小さい面積ならば針葉樹が育ちやすい土地が各地にあるそうだ。郷土史を見ればそれはわかると藤森さんは言う。地域ごとにそういう場所での優先的な針葉樹林業がこれからとても大切になるという話は、うなづける。

「適地適木が大事なんです。広葉樹林や針広混交林は環境保全的に重要であるとともに、その一部は林業の対象として高く評価していくべきです。日本全国おしなべて同じようにスギやヒノキ、カラマツなどの人工林にしたことが間違いなのであって、人工林をつくることそのものが間違いなのではありません。もっとしぼりこむべきでした。現実的に言って、今後すべての針葉樹人工林に手をかけるのは不可能だし、望ましいとも言えません。しぼりこみが大事です。おそらく、いまの面積の半分ぐらいになるでしょう」

半分ぐらい。つまり、四一％の針葉樹人工林面積を二〇％ぐらいまでにとどめておくのが本来の姿だったということになる。拡大造林がなされるまでの人工林面積はせいぜい二〇％と言われている。戦前の詳しいデータはないものの、一九五〇年の林業統計要覧には五〇〇万ヘクタールと記載されている。いまの一一〇〇万ヘクタールの約半分、二〇％なのだ。

♪自給率を上げるのは世界の一員としての責務

「相対的に針葉樹人工林には向かなくても、森林の生育にはまことに適した国です、日本は。そして、日本のすべてが針葉樹に不向きなわけではないのだから、自然的・社会的条件に照らして、育てられる地域では針葉樹人工林を育てて、それらを自給にまわすのが、世界の一員としての責務です、本当に。世界では、森林が成立しにくい地域（降雨量と温度の関係で）が多くあるなかで、恵まれた森林生育条件の日本が自給率を上げないことは、いまやもう許されない状況にあると思います」

そう話す藤森さんの口調には切実感がある。世界の状況に直面した経験が、その切実さを強くしているのだと感じる。

ちなみに、世界で森林が成立しにくい地域には、乾燥しやすい大陸や砂漠の多い中近東はもとより、意外に思われるが、貴重な森林として知られる熱帯雨林地帯も含まれる。高温で多雨の熱帯雨林は、腐葉土などの分解が早い。だから、一たび伐採されてそれまでの光の入り具合などの環境が崩れると、容易に元の状態には戻らない、たいへんデリケートな地域なのだ。シベリアなど永久凍土の原生林も、森林再生が困難な地として知られる。

それに比べて日本の気候風土は、適度に温度が高く、適度に雨が多く、適度にゆっくりと朽ちて新しい植物を育てる腐植土を形成しやすい。そういう天然の好条件をもつ日本が木材の自給率を上げるのは義務だと言う藤森さんの話に、私も強く同感だった。自給率については、藤森さんは「科学的な根拠はまだ十分ではないが」と断ったうえで、これまでの統計的な数字と、研究で得られた日本の自然的・社会的特性のポテンシャルを考察して、次のような試算をしている。

大きく分けて、木材は製材用材とパルプ用材の二つが主要項目だ。量的にはほぼ半々ずつ。それぞれに年間三千数百万立方メートル使っている(〇四年度の林野庁統計)。パルプ用材としての国産材を利用するのは、現状ではコスト的に非常にむずかしい。目標を製材用材にしぼり、こちらは国産材で満たすという目標が妥当である。つまり、現在日本で使用しているおもな分野の木材量の半分を国産材でまかなうぐらいまで自給率を高めることは必要であり、可能だと説明する。

「ただ、実はこれがとてもやっかいですが、算出の根拠となる年間の森林の成長量がはっきりわからないのです。ずっと推定値のみで計算してきているんです。つまり、現地を押さえていない。本来、森林簿という森林のデータがありますし、伐採には届け出義務があるんですが、林業の低迷でデータの中身も届け出義務も機能していません。だから、現在出回っているさまざまな数字の信用性があまりないんです。ただ、(研究分野で)ずっと言われているのは、いまの森林の成長量と蓄積量に対する数字は過小評価だろうということですね。出回っている数字よりも確実に量的には多い、と考えられています」

この過少評価、現状の森林蓄積量は本当は倍から三倍はあるのではないかなどの「推測」は、私も何度か耳にしている。もちろん、実態がわからないので、正確な判断はむずかしい。

仮にいまの過小評価(と考えられる)の数字から考えると、人工林面積を半分に減らして、混交林や天然林に転換させていったとしても、三千数百万立方メートルの収穫は年間の成長量から見て持続しうると見積もれるそうだ。それゆえ、製材用材の自給率を総需要量(〇四年度換算)の四〇%まで上げることを藤森さんは提案している。

しかし、その実現に向けての壁は、「針葉樹人工林づくりに負担が大きい風土」という認識が林業業界にとても欠けているために、ひたすら人的努力で何とかしようという体質が抜けないことだという。単に人工林面積を半分にするという数字面のみでやってしまうと、適地適所が機能しない。相変わらず、コスト高、効率の悪さ、採算の悪さに陥ってしまう。単純に数字が減ったり増えたりするだけでは「コスト高を抑えつつ、木材自給率を上げる」のはむずかしい。だから、「いまこそ精査を」なのである。

♪地域に応じた手入れと天然林の位置づけ

もう一点、藤森さんが強く危惧しているのが、いまだに林業界を支配している「予定調和論」だ。予定調和論というのは、「よい林業経営(施業)をしていれば、公益的機能も同時に高まる」というものだ。

「木材生産のための林業活動には、生物多様性の保全と相いれない部分はどうしてもあります。また、人工林は水土保全面でも天然林には及ばない。人がある林齢で伐採をする森は、老齢木や自然にゆっくりと朽ちていく木々がある天然林のもつ多様さには及ばないからです。だからといって、すべて林業が良くない、やめるという話ではもちろんない。ただ、林業をちゃんとしていれば環境全部にプラスになるという予定調和のままで、奥地につくった人工林を水土保全林と名前を変えて施業を続けるのは、決して望ましくない。明らかに、天然林に戻していくことが大事です。つまり、人為を加えないということです」

そして、戦後につくられた過剰な針葉樹人工林を、次のように仕分けて手を入れることを薦める。

①持続的に管理して木材生産ができる地域をしぼる。そこでは針葉樹人工林を維持する。
②持続的に管理できない針葉樹人工林は、収穫できる針葉樹を材として収穫しながら、自然

に侵入してくる広葉樹をできるだけ混ぜ、一部は混交林の経済林として回転させる。つまり、針葉樹も広葉樹も材として利用する林に変える。

③それ以外の、針葉樹人工林としても混交林としても経済林とならないものは、天然林化させる。

地域の実状をきちんと見てこの三つに分類し、それぞれに必要な手入れをしていこうというのだ。①は完全に経済林としてのあり方を優先させる。②は経済的側面をもちながらも、環境面を共存させる。そして、③は完全に環境保全としてのあり方が優先する。この③の天然林化に対しては、予定調和論がまだ抜けない林業界では抵抗が強いので「思い切ってやることが大切です」と言う。

こうした分類は、人工林も含めて日本の森林全体を健全にするために必要だと藤森さんは考えている。生物多様性や水土の保全という環境そのものとして求められる質の向上にとって天然林が望ましいと同時に、経済性優先の人工林にとってもメリットがあるというのだ。

「単純な人工林は、ひとたび病虫害が出れば全面的にやられやすくなります。その異常発生を抑える環境づくりとして、天然林化は有効なのです。具体的には、人工林と天然林をモザイク状に配置するイメージですね。そういうつくり方をすると、単一同齢の人工林が受ける被害を天然林が緩和する。緩衝地帯になるんです。結果的に、経済面でも環境面でも、いまの広範囲にわたる単一針葉樹の人工林よりも質が上がります」

藤森さんは、林業における天然林の重要性と明確な位置づけを強調する。林野庁の新しい森林政策のなかでも、将来的には天然林の占める割合が大まかにいって半分になるようになっているが、その天然林にどうやってしていくのかや、天然林の林業における位置づけは、明確になっていない。

一方で、藤森さんは天然林が林業のなかでもつ意味を考えるべきだとも主張する。なぜなら、人工林には老齢林という段階がないからだ。長伐期をめざしてはいても、必ず収穫のためにある時期に伐ることが人工林の宿命である。天然林には、その期限はない。もちろん、樹木の寿命や天変地異で枯れたり倒れたりはするが、何百年と生き続ける木も当然ある。それらの多様さが、天然林の生態系の奥深さと同時に環境保全機能の大きさをつくっている。総合的にはバランスをとる機能を天然林はもつわけで、人工林との適切な配置が林業で今後ますます重要になる、と見ているのだ。

天然林をそう位置づけるには、木材生産を主にした森林管理の限界を認めることからしか始まらない。ところが、予定調和がまだ息づく林業では、そこが明確になっていない。「人手をかけることがより良い」という姿勢で、手を加えなくてもよい森林にまでメリハリなく手を加えてきた過去の林業と、環境配慮が求められるいまの林業が同じでいいと思ってしまうネックはそこにある、というのが藤森さんの分析だ。

藤森さんの「限界をきちんと見極める」というのは、とても大事な姿勢だと思う。ただ、ややもすれば悲観的・否定的に傾くし、逆の場合は鈍感になって状況を無視することも多い。つまり、冷静にこれを行うのはとてもむずかしいのだ。でも、それが実は「科学的」であることの原点にくるのではないだろうか。だから、まずは日本固有の風土と気候をきちんと見極め、そのうえで適地適木の林業と天然林との棲み分けをするという指摘は、私のツボを刺激した。とても気持ちのいい論が展開されて、溜飲が下がるようだった。

ただし、現実の話になると、呆然ともなる。すでにベタッと一律的な人工林づくりが行われてきた現状で、どこを人工林として残して林業を行い、どこは天然林に戻していくのか。精査そのものもむずかしさがあるが、なによりも、個々の所有者がいる森林に対して、「あなたのところは林業に向いていないので天然林に戻しませんか」という説得は、どこまで実効性があるのだろうか?

とはいえ、光明はわずかだがある。林業を生業とはしていない所有者も多いし、環境に配慮したいという所有者も——企業の所有森林などはかなり入ってくるのではないだろうか——、いまのご時世ならばいるはずだ。そういう所有者に対して積極的に天然林化することへの何かしらのインセンティブが働けば、かなり動く可能性はあるのではないか。

問題は、そういう大鉈をふるう仕事を誰がやるのか。落ち着いて考えると、各地域ごとに選別・取捨選択して人工林と天然林が棲み分けされていくということが、現実的かもしれない。

♪生態学的な人工林管理

一一〇〇万ヘクタールにおよぶスギ・ヒノキ・カラマツなど針葉樹人工林を具体的にどうしていくのかに真正面から取り組んだ研究と試行があった。一一〇〇万ヘクタールを「不良債権化させないために」と目標を掲げて。それは茨城県つくば市にある独立行政法人森林総合研究所の研究員・鈴木和次郎《わじろう》さんらの試みだ。

膨大な人工林の公益的機能発揮に向けた管理が謳われるようになっているものの、当の林業現場では木材生産重視の施業からどう変えれば公益的機能の発揮になるのかは共有されていない。鈴木さんは、そこをきっちり見据えた研究をしていた。

「公益的機能発揮のためとして実施されている施策の多くは、その謳うところと異なり、従来型の森林管理・林業の域(林分管理の域)を出ていないことが多く、林業現場においても混乱が見られる。今、人工林の施業において求められているのは、明確な機能区分に基づく誘導すべき目標林型の設定とその空間配置(景観)、そのための施業体系の確立である」(鈴木和次郎・池田伸「針葉樹人工林における『生態学的管理』を目指して」『森林科学』三六号、二〇〇二年一〇月)。

これまでの林業をきちんとやっていれば、それで公益的機能も事足れりとする姿勢を問題視し、公益的機能の発揮にふさわしい施業モデル＝生態系管理モデルの構築が強く求められている、とこの研究を位置づけているのだ。とくに大事なのは、研究成果にとどまるのではなく、具体的なモデル林をつくって技術・理論の検証をし、現実の人工林施業に活かすことをめざしている点である。

だから、このモデル林がある茨城森林管理署管内の大沢国有林（茨城県七会村《ななかい》）や筑波山国有林に見学者・来訪者を受け入れ、研究者や林業関係者のみならず、一般の人たちにも「新しい森林管理の考え方と方法」を知ってもらおうとしている。では、具体的な人工林生態学的管理とはどういうものか？

「天然林の動態（動き）のメカニズムを持ち込むことです。人工林は木材生産を目的に経営・管理されますが、そのほか森林のもつ公益的諸機能の発揮も求められています。それを実現するために、天然林における生態系としての健全性・多様性を支えている自然攪乱体制と〝類似した攪乱体制〟を、人為的に人工林に導入しようとする考え方です。台風による風倒とか、斜面崩壊、雪害など、天然林には何かしらの自然災害によって部分的な破壊が生じます。それによって新たな更新場所が用意され、次世代の若い森林が形成されます。天然林が生態系として豊かであり健全性が高いのは、このような部分的破壊があちこちに見られ、全体としてさまざまな発達段階の異なる林分が複雑に混じりあい、構成され、〝動的な安定状態〟を維持しているからです。一時的には破壊に見えても、それが修復されて再生され、新たな林ができていく。時間的にもさまざまにズレて。この修復と再生のプロセスを人工林に持ち込むのです」

その大前提におかれているのは、一つの林分(施業を実施する林ごとの単位)のみで施業の流れを組む、これまでの林分管理の徹底的な見直しだ。森林をもっと俯瞰的に広い範囲でとらえ、全体のなかの一林分として見ることで、全体の景観・動態を視野に入れた森林管理が行われる、と鈴木さんは考える。その枠組みの基本は集水域になるという。

集水域というのは、川の始まり(水源)から、支流も含めて、海や湖など最終的に流れ出るところまでの水の流れを中心にした周囲の森林という意味だ。集水域を森林管理の基本とするのは、生態系が自律的に連鎖しながら完結できる最小単位だからである。

現場の作業は結果的に、これまでのように林分ごとの対応になる。しかし、その林分しか見ない、考えないのではない。こうした「全体のなかでの一林分」という姿勢がないかぎり、生態系という視点はもてない。そして、広い森林を生態系というまとまりでとらえるうえでは、県とか市町村などの行政上の区分で森をくくっても意味がない。自律的な森林を主とし、それに連なるさまざまな動植物を含む生態系の循環が機能する最小単位は、集水域で森林をとらえることだという。この集水域という全体のなかで各林分をどのように扱うかという流れをはずしては、生態学的管理にはならないと強調する。

「筑波山の試験地(三五ヘクタール)は一〇〇年生と二〇年生のヒノキの人工林です。このうち九・五ヘクタールについて、二〇年おき、八段階の異なる林齢があるパッチを六五区画つく

図2　筑波山の試験地における140年後の林齢配置

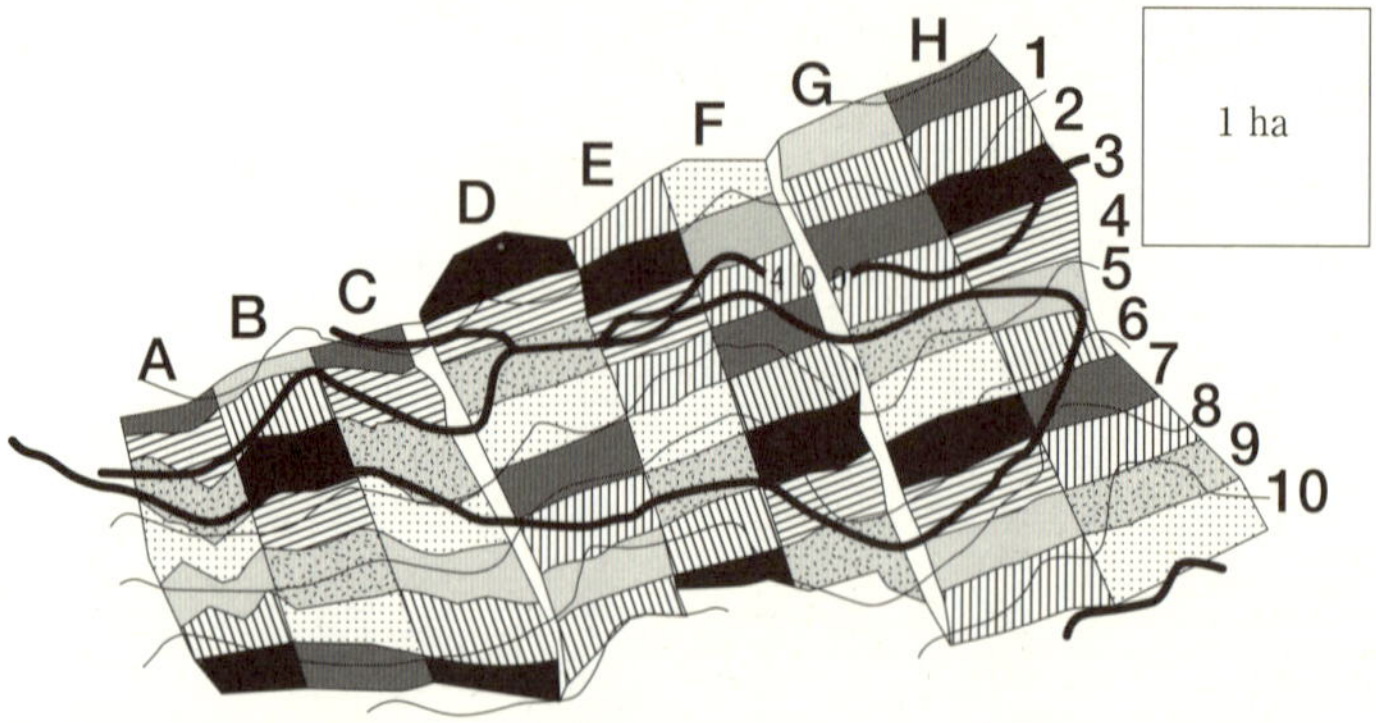

（注）160年、140年、120年、100年、80年、60年、40年、20年。〜は作業道。
（出典）関東森林管理局東京分局森林技術センター、http://www7.ocn.ne.jp/~gijutuc/

るように誘導しています(図2)。これによって、小面積な個々の林の集まりとして全体がモザイクのようにさまざまな状態の林ができる。まだ移行段階ですが、最終的には一六〇年生の林分を主伐林分とする人工林とし、そこに至るまでに八段階の異なる林齢のパッチが分散している、という形で循環させることが目標になっています」

パッチ(小林分)というのはパッチワークキルトなどに使われるような小片のことで、鈴木さんの説明では小面積の林のまとまりを指している。人工林で行う伐採を天然林における自然災害による変化と見立てて、林齢と樹種が単一の人工林に部分的に小面積の皆伐をすることで、多段階の林齢のパッチが存在する姿に変えていくのだ。

一六〇年とはまた長い。これまで聞いた長伐

異なる状態が何カ所にも分散されている(写真提供：鈴木和次郎)

期はだいたい八〇年、もしくは一〇〇年だから、倍近い超長伐期施業になる。それは、ここが国有林で、民間ではなかなかできない超長伐期の木材のニーズにも対応できるからだ。その名も『古事《こじ》の森』と名づけられ、いずれはここの材を伝統的建築物修復のために使うことも視野に入れている。期間的には一般の林業の長伐期の倍となるが、超長伐期で可能ならば八〇年伐期にも十分応用できる、という。たしかに、要は考え方と実践手法が確立されればいいわけだから。

移行段階中のこの林(写真参照)を眺めたとき、非常に単純に、モザイク状態が新鮮だった。たしかに人工林なのに、同一年齢、同一樹種の一律ではないだけで、こんなに「人工林」という言葉のイメージが違うものか、と。一つのパッチは平均二五メートル×五〇メートル（場所によって長短はある）の単位になっていて、それらが組み合わさると非常に立体的な景観になる。まだ計画の八段階ができていないにもかかわらず、それが想像できるのだ。これはよさそうだと思って口にすると、意外な返事が笑いながら返ってきた。

「それはハマダさんが一般の人だからですよ。これを見て、即いいと言うのはね。多くの林業者はいいとは言いませんね」と鈴木さん。

意味がわからずにいると、こう付け加えた。

「いままでの、とにかく一律一斉に同じ作業を広範囲にしていた感覚からいけば、小さい面積でそれぞれ作業を違えてやるのは効率も経済性も悪くなる、と瞬時に思うからでしょう」

♪生態系と森林経営の最大公約数をめざして

そう。鈴木さんのような研究者が手がけるやり方を、現場で働く人たちがある色眼鏡で見がちなことは、私も実際に見聞きしている。「あくまでも、それは研究でしかない。木材価格の悪い超不景気が続く林業現場としては、何を悠長なことを言っているのか」という見方があちこちにあった。そう言われても仕方ないような側面が研究者の側にもあったのだろう。

鈴木さんのモザイク林（小面積の分散伐採・更新という人為的な攪乱体制を導入したシステム）

づくりによる生態学的管理がそれらとは一線を画すと私が感じたのは、研究のための研究で終わらせないために森林経営とのすり合わせをたいへん具体的に模索し、実践しているからだ。研究者には、そうした視点がかなり乏しいと感じていたので、そこに踏み込んでいることがまず大きく違う。一例が小面積皆伐だ。

それは、この管理手法の根幹になるモザイク状態をつくり出すのとセットだ。皆伐に対する非難が自然保護論的には根強くあるために、大っぴらに皆伐を口にしない風潮が最近の林業界にはある。もちろん、ではやられていないかと言えば、そうではない。現に新森林法にも、水土保全林などにおける皆伐について「二〇ヘクタール以内にすること」と明記されていたりするのだ。二〇ヘクタールとはまたずいぶん広いわけで、結局まだそんなことするのか？と驚いてしまう。そのような裏はあるにせよ、表向き皆伐を是としなくなってはいるために、現在よく言われるのが抜き伐りと複層林施業である。

抜き伐りは、ここで一本、あそこで一本などと、収穫する木だけを選んで伐る方法だ。この伐り方ならば、見た目には延々と森林のままであり続けられる。でも、現実的にそうした手間がかけられるのは銘木とされる高価な材のみで、膨大な人工林を対象にした手法としては実効性は乏しい。

一方、複層林施業（皆伐をせずに更新を行う施業）は新森林法で推奨施業の一つとされているが、問題点も多々あると各地で言われている。複層林施業には少しずつ異なる技術があり、そのすべてがダメというわけではない。とはいえ、上木を伐採するときに下木が傷む、下木に光が十分にあたらず成長が阻げられる、機械を併用した高度な技術力や労働集約的な管理が必要となるなどが多く指摘されている。鈴木さんも、大々的に普及する技術としては問題点が大きいという。実は、筑波山の実験林ではさまざまな複層林施業技術の検証が行われてきた。その結果、技術的・実践的な問題が多く見つかるなかで、小面積・多段階のモザイク林配置が考え出されたのだ。

小さい面積での皆伐は、鈴木さんの論点にある天然林のなかに生じる部分破壊という位置づけだ。それをまねれば生態学的にもより自然に近づくし、林業経営的にも経費・手間が減らせる。膨大な面積の人工林を不良債権化しないためにどうするかを考えたとき、大きな手間とコストはもはやかけられない。ただし、いかに生態系の健全性や多様性を回復するのかが大事な核になるなかで、単に手間とコストをかけないだけがいいわけではない。生態系と森林経営それぞれにベストとは言えなくとも、ベターな折衷案としてのモザイク林なのである。

小面積のパッチを当初は二〇メートル×三〇メートルにしたそうだが、これでは伐採するときに隣の林分に倒れてしまい、残った木を痛めかねない。伐採と材の搬出の両面から、二五メートル×五〇メートルがベターであることが判明していった。この面積がいったん伐られると、林内に光が届く範囲も広い。面積が狭すぎると、皆伐しても周囲の背の高い木に遮られて光が届く範囲が狭まってしまい、伐採後の再造林で新しく植林した木々の成長が妨げられる。

そのバランスが大事だ。

生態学的管理と森林経営との両立をめざす針葉樹人工林にしていく大原則は、「収穫の保続」、つまり持続的に木材を生産し続ける体制の維持にあると鈴木さんは言う。ただし、木材という資源の蓄積のみで狭義に持続性をとらえていた時代から、多面的機能も含めた広義の資源の持続性に変わっているなかでの「収穫の保続」であることも強調する。そして、この大原則のもとに、次の四つの原則があると言う。

①合自然の原則——自然に逆らってはいけない
②経済性の原則——いかにコストを減らしていくか(利益の有無ではない)
③公益性の原則
④生物多様性の原則

このうち④は、これまでたいてい③のなかに含めて考えられてきた。

「七〇年代後半から多くの生態学の研究が森林分野に入ってきて、その知見は飛躍的に広がっているんですね。でも、それを林業側が活かしていない。生態系として見れば天然林はもっとも健全性が高く、機能的にも優れていると考えられています。人工林は、いかにその機能の減少をくいとめるかがポイントです。人工林の針広混交林化が謳われていますが、ベターっとおしなべてすればいいというのじゃありません。林野庁が出している三つの機能区分(水土保全林、森林と人との共生林、資源の循環利用林)は、結局いままでの木材生産重視の林分施業でしかないので、単純化と管理手法の平準化を生む危険性がとても大きいです」

そして、このような施業をいまある人工林すべてに対して行うのではなく、藤森さんと同様に、どこで行うか見極めていくべきことを指摘する。

「いわば介護が延々と続く森林をつくらないために、手のかからない森林経営を考えなければなりません。そのためにはきちんと見極めることが必要です」

鈴木さんたちの生態学的管理としての研究と実践は、これだけではない。人工林への広葉樹の導入、水を好むスギが水際まで植林されてきていた水辺を元の自然に近づける渓畔林づくり、広葉樹の育成など数多い。

「実のところ、人工林の成育が良くなかったところに後から広葉樹が入ってきた林を、あたかも望ましい姿であるかのように針広混交林と言ったりすることが現実にあります。針広混交林にしていくための科学的・技術的裏づけがまだあまりにも乏しい。本当に針広混交林が良いのならば、その裏づけを積み重ねていかなければならないと思います」

お手本は天然林。かつ、人工林経営の経済性を少しでも上げることを考慮しながら、生態系へのマイナスを極力なくす。もちろん、地域の林の状況や資金面などによって、どこまで実践できるのかさまざまな違いがあるだろう。けれど、根本的な森林に対する考え方としてはとても核心的な大事なものだと私は感じた。できるだけ多くの森林・林業関係者、森林ボランティアや森林に関心をもつ人たちが現地を見て、学び、かつ意見を交換できるといいと強く思う。

実際に見学・研修を受け入れているので、ぜひ、お勧めしたい。ただし、いわゆる一般見学者に一日中開放して解説することを目的とするのではなく、あくまでも研究機関であることをよくご理解のうえ、連絡してから行っていただきたい。

〈連絡先〉関東森林管理局森林技術センター　〒309-1685 茨城県笠間市来栖87-1　電話0296-72-1146、FAX 0296-72-1842　http://www7.ocn.ne.jp/~gijutuc/

第6章　「認証」される森

♪森林認証の日本への影響は？

私がはじめて「森林認証」という言葉を聞いたのは、一九九八年ごろだった。第4章でふれたFSCだ。当時、断片的かつ複数の場所で得た情報を自分なりにまとめると、だいたいこうなる。

〈熱帯雨林のような地球全体にとっても貴重な原生林を守るためには、ただ伐採反対を唱えるだけでは功を奏さないと認識した自然保護団体が、より実践的な解決手段を講じた。それが、持続可能な森林管理をしている森林から出る木材の消費拡大を目的にして、認証というお墨付きをつくることだ。これによって、木材市場をよりグリーンにして天然林の伐採を防ぐ〉

つまり、「より正しく」管理された森から出てくる木材の使用によって、貴重な天然林――森だけでなく、森に生息するあらゆる動植物――を残す手段とする、と理解していたのである。森林認証の先鞭をつけたのが、九三年にWWF(世界自然保護基金)やグリーンピースなどの自然保護団体が音頭をとり、林業団体や先住民グループなども同じテーブルについてできたFSC(森林管理協議会)だ(世界的な森林認証の組織としては、もうひとつPEFCS(森林認証制度の承認プログラム)がある)。

最初にこの情報にふれたとき、森林と木材との関係としてはまったく賛成だったけれど、日本が森林認証に進むかと問われれば、〈うーん〉と腕を組んで考え込んでしまった。

それは、日本では森林経営をしていない多数の小規模の山林ほど手つかずで、かつ手出ししにくいという問題に、私が強くとらわれていたからだ。そういう森林は、奥山よりも街に近い地域にあるから、ますます目につく。

林業に限って言えば、環境に配慮した正しい森林管理をしている森林から出てくる木材が市場の主流になるのは大いに賛成だが、日本では、林業とは無縁の小規模面積所有者が多い。そういう人たちにとって、森林認証をわざわざ取得する必要性が見えにくい。この流れが世界で広がると、日本の森林にどういう影響が出るのか不安と疑問の両方があった。

不安のほうは、認証の動きにのらない日本の材が結果的に市場から締め出されるのではないかというものだ。仮に森林認証が主流になるとしたら、世界中の大規模林業会社が取得するだろう。そうして「環境に良い材」が受け入れられていくと、結局はいまと大差なく、外材が優位のままにならないだろうか?

疑問は、それに付随している。つまり、海外で、「環境により配慮した」森林から出てくる材は、たしかにその地域、また地球環境にとって良いとは思う。しかし、それが石油などのエネルギーを使って遠くまで輸出されることは、はたして「エコロジー」なんだろうか？ さらに、日本の材が使われないがゆえに手入れがゆき届かず森林が荒廃している状況で、環境に配慮した材の輸入と、環境配慮に乏しいとしても自国の森林の材の使用と、どちらが本当にエコロジーなのだろうか？

森林認証は、もちろん良いことではある。でも、こと日本の森林に対するインパクトを考えたとき、どういう方向に森林が左右されていくのか、わからなさと不安とで宙ぶらりんの気持ちをかかえてしまったのだ。それが大きく変わったのが、スウェーデンの旅だった。

♪本質的な意味での「持続可能」

スウェーデンを二度目に訪れたのは二〇〇三年の冬だ。前年の追加取材を兼ねて、スウェーデンのエーサム社という環境や地域活性化をテーマにした研修ツアーなどをしている会社が企画した日本語通訳つきのツアーに参加した。それは、スウェーデンの森林と林業・林産業（木材の加工や林業に関連した産業全般）について一週間視察して学ぶもので、そのなかにＦＳＣ認証の講義もあった。そこで、私はＦＳＣ認証について一部しか理解せずにいたことに気づかされる。

それは、「持続可能な森林管理」という場合の「持続可能」という言葉がもつ意味の認識だ。そのときまでまったく自覚できていなかったが、私は「持続可能」というとき、自然環境としての健全さを維持しうるかどうかばかりを重視していた。生物の多様性や土壌までも含む広義の森林環境の健全さとは考えていたけれど、あくまでも自然環境面と資源としての持続性しか見ていなかったのだ。それは、まったくもって日本の森林しか視野に入っていなかったからだと思う。

スウェーデンで聞いたFSC認証の話は、もっと大きな枠組みでの「持続可能」である。環境、社会、経済という三つの側面から、それぞれの持続可能性を導き出すための原則や基準が考えられていたのだ。ちなみに、スウェーデンはFSC認証を取得した森林が多い。大面積皆伐を非難する国民の不買運動を経て、八〇年代以降の林業の自己変革が環境配慮型林業を生み、それをより客観的に提示し、付加価値をつける手段と森林認証をみなしていると私は推測する。

FSCが提示する具体的枠組みは、「持続可能」を実現するための一〇原則と、各原則を行動化する五六の基準で構成されている。一〇原則は以下のとおりだ。

①法律とFSCの原則の遵守、②保有権、使用権、責務、③先住民の権利、④地域社会との関係と労働者の権利、⑤森林のもたらす便益、⑥環境への影響、⑦管理計画、⑧モニタリング

と評価、⑨保護価値の高い森林の保存、⑩植林。

この下に、各原則につき四〜九項目の規準がある。たとえば、原則①に対しては「森林管理は、すべての国内法、地域の法令および行政の要求事項に従わなければならない」というように。そして、この原則と規準に照らして、FSC認証を取り入れる国が自国の気候風土や社会情勢に即してより具体的にチェックする指標項目をつくり、それに従って第三者の審査機関が森林を審査する。

スウェーデンで講義を受けるまで、たとえば原則③の「先住民の権利」などは、私には思いもつかなかった。おそらく、日本だけで森林・林業の「持続可能」を考えているときには出てきにくい項目だろう。同様に原則④の「地域社会との関係と労働者の権利」に関しても、FSCが自然環境のみならず、「労働者の働く環境」という意味でも環境という概念をとらえていることに、不意をつかれた。

でも、それらがある理由は、しごくもっともで、別な面から言えば当然とも言える。何といっても、FSCは熱帯雨林などの原生林保護に端を発してつくられたのだから。

原生林が伐採される地域の多くでは、先住民族が本質的な意味での持続可能な森林とのつきあいを保っていた。それは、過剰な収奪をせずに、長い間にわたって森からさまざまな恵みを得るかかわり方である。カネになるものを一時に持ち去ってその後は関知しない、というような略奪型とは根本的に異なる、伝統的な「持続可能」だ。

ところが、そうした森林の木が市場経済のまっただなかに引きずり出されると、彼らの生活基盤も文化も甚大な影響を受けざるをえない。森林が破壊されれば生活基盤を失い、生活のための現金が必要になる。だから、換金仕事として、もともとの持続可能なつきあいとは異なる略奪型の労働を彼ら自身がしなければならなくなったりする。また、途上国の多くでは法的規制もまだまだ甘い。児童労働、長時間労働、低すぎる賃金、さまざまな権利のなさ。それらの阻止も盛り込んでいるのだ。

そういう地域の原生林を守るためには、単に森林を保護すればいいのではない。不当な働き方を強いられる人や伝統的な地域社会が守られなければならない。しかも、森林伐採には常に貧困問題がかかわるから、経済問題は「持続可能」をめざすときの大きな柱となっている。

言われてみればどれももっともだったが、日本で森林認証について受けとめる際は盲点になる項目だ。そのような「持続可能」がめざされていることをスウェーデンで私ははじめて認識した。そういう背景のある外材をどこからと言わず大量に買っている国の筆頭であるのが日本なのだが、こと自国の森林管理という視点でばかり森林認証をとらえていた私には、抜け落ちがちな視点だと痛感したのだ。

こうした幅広い考えをもとにする森林管理が将来木材市場の主流になるとしたら、否が応でも世界と競合する木材とその製品市場において、「日本はいろいろ背景が違いますから、こういう認証の流れに入りません」という考えでは通用しなくなる。それでは、いまとはまた別な意味で結局は市場から締め出される。このとき、強烈にそう感じた。「蚊帳《かや》の外にいてはダメだ。いろいろ不備があったりデメリットがあるとしても、森林認証という共通言語をもっていないと、日本の森林の材がますます使われなくなり、森林は荒廃に向かう」と思ったものだ。

♪日本で森林認証がもつ意味

森林認証制度に詳しく、日本でのＦＳＣ審査の委員も務める白石則彦・東京大学教授（森林経理学研究室）によると、先進国の温帯林では、森林認証が静かに大きく広がり始めている（そもそも原生林保護の目的で始まったにもかかわらず、途上国の原生林ではなかなか取得が進んでいない）。それは、新たな市場を握るツールであり、その市場を左右する力をもつのは「産業消費者」になるというのが白石さんの見方であった。同時に、日本の林業が活性化するために大きな役割を担っていくだろう、とも言う。

産業消費者とは、最終消費者である私たちと分ける意味で白石さんが提示する言葉で、住宅メーカーや製材品を取り扱う流通業者などを指す。林業業界から見れば木材の買い手である彼らは消費者であるけれど、一般消費者から見れば業界の人という、中間の位置づけになる。

木材も木材の半加工製品も、私たち一般の消費者が直接買って使う機会は少ない。認証材が大きく伸びるかどうかの鍵は、産業消費者が認証をどうみなすかにかかってくると白石さんは分析し、彼らは確実に認証製品を重視する方向に向かっていると言う。

「企業の環境意識は高くなっています。（現地でどんなことをしているのか）わけのわからない材を買いたくない、使いたくない、という企業は増えているんです。だから、認証材は今後、確実に伸びていくと思います」

実際、日本でも政府は官公庁が購入する木材製品について、違法伐採などで伐り出した原料の利用を〇六年度から認めない方針を決めている。合法的な伐採かどうかの確認は、森林認証を取っているかどうかが鍵になる。ただし、いまのところ、認証材そのものが爆発的に売れる、あるいは価格面での優位性が明らかにある、とは言えない。

FSCは、認証した森林の木材が、流通・加工段階で非認証材と混じっていない製品（板などの半加工品から完全な加工品まで）であることを認証するCoC（Chain of Custody Certification）という製品認証制度をもっている。だが、『森林ビジネス革命』（M・B・ジェンキンス、E・T・スミス著、大田伊久雄他訳、築地書館、二〇〇二年）によれば、こと認証材の販売という点においては各国とも苦戦しているという。

それは、現段階では認証材が少ないために選択肢が限られるからだ。木材製品を買う場合、サイズや品種、規格などがバラエティに富んでいるという条件が大前提にある。この点について白石さんは、市場において広範囲な品ぞろえがなされないかぎり浸透はなかなかむずかしいと言う。

つまり、いまのところ、認証材が非認証材よりも付加価値がついて高く売れるかというと、まだ明確にはなっていない。それゆえ、短期的に「認証が儲けに直結する」と期待する向きには、認証を受けるまでの手間とコストが大きな負担感として感じられるせいか、「それなら取得はやめた」となる可能性がある。一方で、認証の取得は林業会社や林業団体の組織の改革・再生を大きく促進していると白石さんは分析し、こう指摘する。

「認証を取得したところは、とにかく元気になるんですよね。プライドが出てくる。日本では林業は本当に状態が良くないので、みんな自信を失っています。その自信が取り戻せるというのは、たいへん大きなことだと思います」

材の販売そのものよりも、組織改革や働く人たちの意識改革としての効果が大きいと強調するのだ。それは、私が何人かのFSCを取得した組織の担当者や代表から聞いた話と重なる。

「意識が変わった」と多くの人が口にしていた。

ただし、意識の変化が組織全体にまで及ぶかどうかはケースによるという印象も同時にもつ。認証を取得した組織でも、直接FSCにかかわっていない部署の人からは「意識が変わったとは思えない」と冷やかに言われたことが一度ならずあったからだ。たしかに、取得すれば即みんなの意識が変わる、というような「魔法の杖」などそもそもないわけで、意識が変わるのはさまざまな本質的な行為があってこそだろう。

また、FSCの審査過程の透明性や説明の明瞭さを武器にすることで、企業の社会貢献としての森林管理を促す可能性を白石さんはあげる。

「公益的機能をもつ森林管理にお金を出し、社会貢献としてアピールしたいと考えている企業は、ずいぶんあるんです。そうした企業との連携で手入れが進む可能性はあります。そのとき、認証というのはたいへん大きな意味をもってくると思います。中立的な第三者機関の認証が、客観性や公共性を高めるからです。ただ、ネックになるのは、日本の森林管理の範囲が非常に私有的・個人的な点なんですね。そこに対しては、企業はお金を出しにくい。森林組合単位でもまだダメだと私は思っています。たとえば県を越えて流域単位のような形が出てくると、企業はお金を出しやすくなると思います。いかに私有を超える形がつくれるかがカギを握るでしょう」

白石さんが強調する「公益性」「公共性」を企業が重視する傾向は今後ますます強くなるだろうと、私も感じる。そして、企業が社会貢献の手段として森林にかかわるとき、個人や集団の私有を超えた公共性があったほうが積極的に動きやすいというのは、想像にかたくない。

では、実際に認証を取得すると、影響はどう現れるのだろうか。まずは稀有な例から。

♪素人のガイドライン、知ってもらうきっかけとしての認証

ＦＳＣは林業会社や林業団体が取得する「プロ向けの認証」だと私は思っていたが、〇五年

になって、NPOによるFSC認証取得が進んでいることを知った。おそらく世界でも最初のNPOによる取り組みではないかといわれている。

それは、神奈川県相模湖周辺の森林で森林ボランティアをするNPO法人「緑のダム北相模」(以下「緑のダム」)が五年計画で進めてきたものだ。申請した森林面積は約六〇ヘクタール。針葉樹人工林が六七%で、スギが八割、ヒノキが二割。彼らの活動フィールドである、個人所有の森林だ(〇五年一〇月にCoC認証とともに取得済)。代表を務める石村黄仁《こうじ》さんが笑いながら言った。

「FSC(認証)を取ると言ったら、あっちでもこっちでも、『バカかお前は』とか『何を考えているんだ、NPOが取れるわけないだろう』とか、とにかくメチャクチャ言われましたねえ(笑)」

だが、石村さんがFSC認証の申請を考えるようになったプロセスは、森林ボランティアグループが増えている日本では示唆に富むと思う。それは、素人のボランティアだからこそ認証は必要ではないか、と石村さんが考えているからだ。

森林や人工林の管理についての知識や経験が乏しい素人の集まりにとって、体系的に環境保全と木材資源管理とをあわせて導いてくれるものを見出すのは、現状ではなかなかむずかしい。たしかに専門的な本はあるが、とくに人工林管理で環境にどんな配慮をするべきかの指針は、なかなか具体的に述べられていないと思う。そうしたなかで、「人工林を環境的にも良いようにどう扱っていったらいいのか、に対してとてもいいガイドになる」と考えて、この認証を取ることにしたという。

石村さんは同時に、森林ボランティアの一番の使命はプロの人たちのような効率的な森林管理ではなく、いかに多くの人に森林問題が深刻であるかを知らせ、何らかのかかわりを森林にもつようにすることである、と考えている。そして、「世論を盛り上がらせるため」の手段としてFSCが視野に入ってきたそうだ。

石村さんが森林に目を向けたきっかけは、趣味の山登りと、空気清浄機の開発と販売という仕事である。あるとき森の異変に気づいた。

「気配がないんですよ、歩いていた山の中に。シーンとしていて。それで暗いし、森の中は根がむき出し。ものすごく違和感があったんです」

九州で生まれ育った石村さんの幼少時、山はとても身近な存在だった。鳥の声に始まり、木々を渡る風の音、踏みしめる道の音、川のせせらぎ……。さまざまな音や生きものの気配が満ち満ちていた。ところが、そのころ歩いていた相模湖のまわりの森はまったく別の代物で、「おかしい、これが森林か」と強い違和感をもつようになったという。

その直後、新聞で「世界の森林が破壊と減少で危機的になっている」という小さな記事を見つけて、「これのせいか!」とひらめいた。気配のない森と世界の森林問題の記事には直接的なつながりは見出せないのに、結びついてしまったのだ。そして、「世界の空気清浄機(森林のこと)を何とかしなきゃならない。それは自分の仕事だ」と確信してしまう。

新聞社に記事についての問い合わせをした石村さんは、WWFジャパンの前澤英士さんを紹介されて、会いに出かける。そのとき、世界の森林問題、日本が大量に買っている輸入材、輸入材が八割を占めるために日本の森林は手入不足で荒れている、などの話を聞く。それらは、唐突にひらめいた「世界の森林破壊と目の前の日本の森林の気配のなさ」をつなげる話でもあり、そのなかでFSCが出てきた。

現状の概略を理解した石村さんが「まったく素人の自分に何ができるだろうか」と前澤さんに問うと、森林ボランティアを勧められた。そこから、相模湖周辺で人工林の手入れをするボランティアグループが始まる。「緑のダム」のスタートである。

山に入るようになって一年が経ち、あらためてFSCの原則や規準を見ると、ますます素晴らしいと感じるようになったという。この原則や規準は、まったく素人である自分たちにはとてもいいガイドラインになると思ったのだ。

「みんなで一丸となってやっていくには、三つのことが必要だと自分は思っているんです。まず目標。これは、『森林破壊という負の遺産を孫子の代に残さない』としています。次に具体的な行動目標。それをFSCに従った森林管理にしたんですね。どの項目も素晴らしいから、せっかく森林整備をするなら、こういうガイドラインに従ってやるのがいいと思った。三つめは持続的な森林管理のための新ビジネス創出。いまは、会のメンバーが手入れで出る材が何かにならないかといろいろアイディア出してくれるようになってねぇ。去年(〇四年)はそれで二〇〇万円も収益あったの」

認証を取ると決めてから、必要なことを少しずつ手がけていった。

「そうしたら二〇〇〇年になって、三重の速水林業(第4章参照)が日本で第一号を取得したと知って、あれーと思っているうちに、高知の檮原《ゆすはら》町森林組合も取った。で、さっそく両方見に行ったんですよ。これがねえ、自分たちにはすっごく良かったし、FSCの意図がよくわかるようになった」

最初に出かけたのが檮原だった。

「その森林現場を見て、こんなんで認証取れるんだったら『緑のダム』でも絶対に取れる、そう思ったんだね。だって、崩落現場があったり、決して手入れが行き届いている森林とは見えなかったから。でも、案内してくれた高知の林務職員の人の熱意は素晴らしくて、そのときにピンときたんだ。どうしてこの状態でも取れるのか、が」

FSCの認証は、優れた森林を他の森林と選別して「落とすことが目的」では決してないのではないか、と。森林破壊・減少を食い止めるために、よりベターな森林管理を進めるためにできた組織なのだから、仮にいまが良い森林管理の状態ではないとしても、これからこう良くしていくという計画とその熱意を買うんだ。そう思ったという。

それなら自分たちにも取得できる。熱意ならば負けない自信はある。取得を現実のものとして身近に感じたそうだ。そして、その後で速水林業に行って、今度はのけぞった。

「もうね、すっごいの。素晴らしい森林で。でもねぇ、本当に思った。先に速水林業へ行かなくて良かったなあって。そしたら、とてもじゃないけどFSC（認証）取ろうなんて思えなくなったと思う。ああ、やっぱりプロの仕事なんだ、とスゴスゴやめてたでしょうね」

檮原訪問は、石村さんのFSC認証解釈のきっかけとなる。そこから、どんな組織でも森林整備をしている人たちはこぞって森林認証を取得することに意味がある、という理屈が導き出された。だから、さんざん言われた「NPOなんて取れるハズない」などの批判が、逆にとても的を射ていないと確信がもてるようになったそうだ。

「その批判は結局、森林からもたらされる空気や水という恩恵を、人任せ、プロにやってもらえばいい、という考え方からくるのだと思う。そうじゃなくて、われわれの問題なんだから、みんながそれぞれできることはしないとって確信したね。

もちろん、取得そのものが目的じゃないんです。取得はあくまでも手段。取得によってどうしていいかわからない素人の自分たちのガイドラインになるし、耳目も引いてもっと森林問題を知ってもらえる。それで、世の中で森林の問題がもっと扱われるようになればいい。取得は結果としてついてくるだけ。素人のボランティアの一番の使命は、広く森林問題を知ってもらうことだと思うんですよ。そのための手段として認証があると思ってます」

♪認証取得のきわめて大きな効果

高知県の檮原町森林組合(組合員一三〇一人、平均所有面積一〇・四四ヘクタール、個人組合員総面積一万三五八七ヘクタール)は、石村さんが言うように日本でのFSC認証取得の先行事例だ。結果的に石村さんを後押しする役回りになった。ただ、森林を見た評価は単純に「良い」と思われるものではなかったわけで、逆にそこが興味深い。

石村さんと話すまで、実は私にも腑に落ちていないことがあった。それは、「え、こんな森林でも取れるの？」という石村さんの驚きの部分だ。日本でもFSC認証取得が増えつつあるなか、批判的・否定的に「あんな森林で取得できるんだから、いい加減だ」という評価を何度か耳にしていた。審査が甘い、何を見ているんだ、というのだ。また、日本はそもそも途上国の原生林のような収奪林業はしていないから、申請すればどこでも取れるという話もあった。つまり、取ったからといって別にどってことない、と。

そういう風評が耳に入るなか、日本における認証取得の意義をつかみづらかった。けれど、「落とすことが主ではなく、できるだけいい森林づくりに向かってもらいたいという意図」という石村さんの個人的分析は、私のもやもやを解く鍵にもなった。仮にそうだとするならば、「これで取れるなら」と思われた檮原の変化の有無に興味が湧く。

ＦＳＣの認証は、五年ごとに審査が行われるシステムだ。その五年間に改善すべき課題が審査機関から出され、また自ら改善項目をつくってそれをクリアーしていく。この手法を「カネを払って宿題を買う」と評した人がいるというが、言い得て妙だと思う。ちょうど取得から五年が経過し、二度目の審査を迎える時期に入っている檮原は、取得後の五年でどう変わったのか、あるいは変わらなかったのか。

そもそも、私が最初にＦＳＣについて知ったときの「小さい面積の個人所有者が取得を考えることはむずかしい」という危惧は、実は解決の手立てがある。それが、森林所有者の集まりであり、組合員の森林を良好に維持管理するためにある森林組合だ。森林組合が、個々人ではなく組合として認証に取り組めば、私の危惧は杞憂に終わる。

ただし、森林組合が組合員の森林を良好に維持する組織とはとても言えない。役所同様に「つぶれない」安泰の職場という位置づけで、外部の動きや経済の動向に無頓着なところもある。だから、森林組合にどこまで期待ができるかという疑問が先にたって、認証は進みにくいという悲観論が私のなかにできていたのだ。そういう状況のなか、真っ先に取得した檮原町森林組合。その影響、効果はいかほどか？

「あのとき（二〇〇〇年）にＦＳＣ（認証）を取ってなかったら、いま森林組合が存続してたかどうか。それぐらい、認証を取得した効果は大きかったです」

中越利茂《なかごしとししげ》組合長はしみじみと言った。直接的な効果は、なんと言ってもＦＳＣ認証木材の需要増大だ。認証を取得した翌年の〇一年に販売した認証木材・製品の量は四七三㎥だったが、〇四年には一三四九㎥となっている。それによって製材部門の人員が増やせた。〇一年には一一人だった雇用者は〇五年には一四人、つまり三人増えている。

認証木材の需要は、これまでのような流通市場に出して売るのではなく、直接販売による伸びが大きい。おもに建築・工務店からの「ＦＳＣ材指定」注文が多いという。また、環境にこだわって廃棄物や有害物質にならない商品を厳選して通信販売する雑誌『通販生活』では、檮原町森林組合のＦＳＣ材でつくられた本棚が定番化されたそうだ。

出回っている製品が少ないこととあいまって、認証材にあまり引きがあるとは言えないと思っていた私は、その活況ぶりに驚いた。もっとも、「価格はうちで扱っている非認証材と同じです」と言う。当初から価格的に差をつけることは、念頭になかったそうだ。なぜなら、森林管理はことごとく認証規準で行うようにするのが目標だからである。現状はまだすべての森林が認証を取得してはいないので、二種類の木材ができてしまう。しかし、将来的にはすべて認証木材としたいわけだから、二つの価格はありえないというわけだ。

また、直接的効果とともに、さまざまな波及効果があるという。組織内での意識変化はもちろん、檮原町民の変化もある。檮原町役場の大崎光雄産業課長が言う。

「テレビや新聞に取り上げられたことが大きいんですが、町民があらためて地元の森林に目を向けるきっかけになりました。で、町の方向性として何を大事にすべきか、地域の存続の道

まわりを山に囲まれた檮原町(檮原町のパンフレットより)

として考えてくれるようになったという感触があります」

日本の多くの山村と同じように、檮原町も林野率がべらぼうに高い。面積の九一%が森林だ。一方で人口の減少や高齢化と、かかえる問題もまた過疎の山村に共通している。少ない人口と限られた財源のなかで、最大の資源である膨大な森林をどう良好に維持し、利用できるかは、きわめて大きなテーマだ。

FSC認証を取得した年、FSCの指針とリンクさせる形で森林づくり基本条例をつくった。そして、森林整備交付金として一ヘクタールあたり一〇万円の助成金を出して間伐を推進し、地産地消を促進するために公共施設の木造化、町民の住宅に対する木材代の助成(一棟につき二〇〇万円まで)などを行っている。かように町税を森林関係に投入できるのも「檮原にとって森林を維持し、それを利用することの大切さ」が町民に理解されてこそという。

また、森林整備にかける交付金は、町が進める風力発電によって生じる売電の売上金(年間約四〇〇〇万円)をあてている。

♪組合員自身の変化

「もともとこの認証に関心をもったのは、高知県が開いたFSCの勉強会がきっかけですが、ずっと何かないかと探していたんです。檮原は代々山とのつきあいが深い地だったし、森林組合としても八〇年から製材工場をもってました。世間で環境に対して関心の高い人が増えていると聞くにつけ、その人たちにアピールするものはないかと探しているときだったんですね、県の勉強会が開かれたのは」(中越組合長)

さっそく参加してFSCの理念を知り、「檮原町森林組合が取り組んできたことと共通項が多い」と強く思ったという。いかに持続可能な仕組みをつくるかという点だ。そこで、さっそく認証取得に手をあげたという。高知県としてはもっと手があがるかと思ったものの、結局、檮原町森林組合だけだった。

檮原町森林組合は、すでに八〇年ごろから、個々の所有森林をデータ化して一元的に管理する制度を整備していた。こうした森林の現況データをきちんともっていたことは、認証取得に大きな利点だったという。なかなかそれが整っていないのが現状で——形式上はすべてあることになっているが、実態をともなっていない場合が多い——、そこを整備しないとそもそも申請できないからだ。

認証取得には二年かかった。それは、FSCについての講習会を開いて組合員の理解と賛同を得て、森林組合と契約を結んでもらう必要があったからだ。いくら組合が取得を決めても、組合が所有しているわけではない森林は、各所有者の意向に左右される。取得時に組合がFSC加入森林として管理する森林は、森林組合が管理する面積一万八四〇〇ヘクタールのうち、二二五〇ヘクタールだった(町有林・県有林・国有林を含む)。認証を取得した個人組合員は九四人、その森林面積は一二〇七ヘクタールにすぎない。つまり、スタート時点では組合員の理解はさほど高くなかったと言える。

それが年々加入が増え、〇四年には、組合員は八五二人、認証森林面積は八九二三ヘクタールと、組合員は当初の九倍、面積は七倍にまで増えた。現在、個人組合員の認証加入率は約五七%にまで上がっている。これらはすべて、波及効果だった。大崎産業課長が言うように、外から浴びた脚光で、逆に地元が足元を見直す機会となったのだ。

さらに顕著なのは、組合で働く職員の変化だったと中越組合長は言う。

「これまで、一般の人にどうしたら自分たちの仕事の意味が伝わるのかがわからなかったんですね。でも、FSC(認証)を取ることで、自分たち林業関係者の間では『あ・うん』でやっていたけれど、第三者に説明する必要性を教えられたことは本当に多かったです」

それは実際の山での作業や視点にも現れた。

「農業からの発想だと思うけど、下刈りなんかをとにかくきれいに刈らないと気がすまない、という傾向が以前はあった。きれいに刈るのが当たり前。見ばえが悪いから、と。でも、生えてくる下層植生は動植物のために残したほうがいいと言われて、そうするようになると、手間が省けていく面がある。省エネで、かつ環境にもいいということが、だんだん現場でもわかっていった」(中越組合長)

そして、職員の勉強・研修を重ねることで、気にとめていなかった山の動植物についての理解を深め、それが林業によって減ったり絶滅したりしないようにする姿勢がつくられてきている。森林組合森林整備課長の中越雅哉さんが、現場のより具体的な手順を説明してくれた。

「全部を覚えるのはもちろんむずかしいですが、現場の職員は残すべき植物や動物の携帯ファイル(コンパクトで、雨でも大丈夫なように防水加工されている)を持っています。それを利用して、必ず作業前と作業後のモニタリングを行います」

環境委員会という組織もつくられ、自然生態系のみならず、ごみの削減、省エネ、投棄物の撤去など環境全般に対する目標を決めて取り組んでいる。若いメンバーは言う。

「これらの勉強会や研修は、常勤の作業班だけでなく、パートや臨時職員の人たちにも極力出てもらうようにしています」

中越組合長は、「いずれFSC認証加入の組合員への配当を高くして、少しでも良い環境に配慮した森林から出る材の価値を山元にも還元したいと思っています」と言う。価格的に差別化していないのだから、FSC認証材が売れたからといって、高い収益や上乗せがあるわけではない。しかし、認証によって組合が存続できているのだから、そうしたいという。

認証材がよく売れるから、「組合は認証でやっていけている」というムードが全体に生まれた。それによって、前述のように動植物のモニタリングとか、環境に配慮した新たなやり方や研修・勉強会の増加などの負担を当然視できているようだ。認証取得によって良い循環ができているのだ。

♪気づきの連続

さて、石村さんが「これならば大したことない」と思ったという認証スギ林だが、私の第一印象は「ごくふつうのスギ林」だった。「ごくふつう」では、ちっとも説明になっていない。それでも、なんと表現するか考えたときに真っ先に出てくるのが「ふつう」だった。

一番古くて五五年生、多くは四〇年生前後というスギに、風格のある存在感という印象はない。混みすぎて下層植生が何もないというわけではないものの、豊かな下層植生があって多様性を感じる、というわけでもまたないのだ。それで、「ふつう」という言葉が出てきてしまう。

同じようなスギ林が続くので、単調と感じるのだろう。

といっても、下層植生はある。四月上旬のこのとき、スギ林の下にはクロモジがたくさん生えていた。淡い黄緑の小花をつけているので、めだったせいもあるだろう。速水さんのところで感じた立体感が感じられないのは、広葉樹があまり入ってきていないからだろうか。シダや灌木類はあるのだから、単調と言ってははばかられるが、どうもそう感じてしまうのだ。

高知県の森林政策課職員として認証取得を推進した小原《おばら》　忠《ただし》さん(高知県森林局森づくり推進課担い手対策班長)は、こう言った。

「速水さんのところと比べれば、すごく違うでしょうね。なにしろあちらは何百年の森、代々続いているんですよね？　檮原は戦後の造林地で、いまが一代目の若い人工林なんですよ」

山村であれば、主産業は林業というのが相場だと思っていたが、初代の人工林というのは、どういうことなのだろうか。

「以前は薪炭林だったんですよ。それに、コウゾとかミツマタとか和紙の原料も採ってました」(中越組合長)。

そうした山の産物を生業にしていた檮原でも、薪炭は戦後、激減した。そして、一面のスギとヒノキの人工林へ転換していったという。日本の多くの人工林には、実はこの戦後の新規造林地が多い。つまり、はじめて人工林づくりをしている人が多いのだ。しかし、一見等しく緑に見える山々を前にして、その中身の違いも、それを支える時間の経過の違いも、なかなか私たちにはわからない。

取得のときの現地審査でのエピソードが、なかなかおもしろかった。審査中、たまたまその森に隣接する林で間伐をしていた町民に、審査機関のスタッフが突然質問したという。組合の森林の管理や方針などについて、部外者からはどう見えるか?と。

六〇代のその男性は森林所有者だったものの、当時FSC認証取得に参画はしていなかった。「組合職員のまじめな対応、森林施業(間伐)の技術指導に感謝している。人工林が進みすぎたので、少しでも環境に良いことに取り組むことが必要であり、組合は先導的にやってほしい」と答えたという。

「そのときの組合長の驚いた様子がね、本当におかしかったですよ。予想していなかったですからね、突然部外者に質問されちゃうなんて。でも、内部の人間がこうやる、ああやっている、とどんなに言っても、実態としてそうなっているのかを部外者がどう見るのかが、まさに大事なんだと思いました。そういう視点は、これまでまったくなかったですからねえ」

小原さんは、とてもポイントに感じたと言う。「そうそう。あと、ホテルとかね」と中越組合長も笑いながら付け加えた。

檮原町には名の知れた建築家が設計したホテルと温泉がある。そこで、森林組合の仕事が朝早くからまわりの森林で行われることへの評価を聞いたそうだ。

「そんなこと、思いつきもしなかったんですよ。朝早くから仕事するのは当たり前ですから。でも、考えてみたらホテルに泊まっているお客さんからしたら、せっかく休養に来ているのに、朝早くからチェーンソーの音がしたら当然イヤでしょうねえ。そういうひとつひとつが驚きでしたが、言われてみればナルホドなんですよ」と中越組合長は素直に感心していた。

「とにかく、気づきの連続なんですよ。いままでの林業の世界にいたのでは思いつかない視点、考え方、やり方。それがとても大きい意味をもっていると思いますね」

小原さんのこの指摘は同感だ。さらに好感をもったのは、このいわばカルチャーショックを組合職員たちがたいへん前向きに受けとめて、仕事の幅を広げていることだ。ごみ問題やエネルギー問題についての勉強を始めたり、いろんな人に自分たちの仕事を理解してもらうためにはわかりやすく発信することが大切であると認識し、その機会を活かそうとしたり、確実に進んでいるという。

認証取得は、広い範囲に実にさまざまな意識改革をもたらし、変化を生んでいた。

♪世界のなかの日本の林業として認証を考える

檮原町森林組合の認証の取り組みについては、五年を経るなかでの成果や波及効果を聞くことができた。実際いろんなエピソードが面白くて、これならば取得しがいがあると何度も思った。認証を取得したところがみなこのような成果をもてたらどんなにいいか、と。

しかし、残念ながらここまでの効果を明言してくれるところは、どれぐらいあるだろうか。他の取材や仕事で出かけて、ＦＳＣ認証を取得していたことを現地についてから知ったりしたとき、「取得してどうですか？　ナニカ変化はありますか？」と聞くと、「とくにありませんね」と返されてしまう場合が多いのだ。

「これまでのやり方で認証を取れると確信していたから取りました」というところにいくつか出会った後では、「日本は海外での収奪型の林業とは違うから、簡単に取れる」という風評をしばしば思い出していた。白石さんが指摘するような、林業経営体、組織の改善のツールとして機能することは私も大いに期待したい点だったが、残念ながら取得しただけでは、自動的にそこが機能するとは言えないようだ。当然ながら、それを活かすも殺すも結局は「人」なのだと思わざるをえなかった。

一方で、そうはいってもやはり森林認証を取得しようとするのは一部の意識ある林業事業体だという指摘も何度もされた。そこには、林業が低迷している現状で、世界の動向に疎いから森林認証の意味を理解していないという側面もあれば、目先の経済状態の逼迫のために「取ったほうがいいらしい」という程度の理解では、緊急度がないから積極的には動かないという分析もある。

たとえば、これがさまざまな安全のための防止弁のような制度ならば、取得する意志の有無は問題ではなくなる。取得していなければならず、取っていて当然。そこは最低ラインで、そこから先にさまざまな持ち味というか特徴を出すという順番になる。だが、いまのところ森林認証は、取得が義務づけられているという位置にはない。ＩＳＯシリーズのように、やはり義務ではないものの、多数が取得していけば変わっていくのだろうが、さて、日本の林業事情のなかで、変わる動きがどこまで起きるものだろうか……？

先進国林業地の温帯林では森林認証の取得が進んでいる。そうした輸出国が認証材の売り上げを伸ばす可能性は、確実に増えていくだろう。そして、認証に疎いままできている日本の林業は、結果的にこれまでどおり市場の端っこにいるだけになってしまわないだろうか。

もともと、認証に対して懐疑と不安をかかえていた私が、にわかに認証の重要性を意識するようになったスウェーデンでの旅だったが、実は、そこで集成材メーカーや森林組合に行った折、ことごとく日本語対応がされていることに驚いた。聞くと、日本人のバイヤーがこの数年ものすごく増えているという。

集成材メーカーの担当者は、「毎週のように日本人が来ます」と言い、プレゼンテーションもパンフレットなどの資料も日本語バージョンが用意されていた。彼らは、ＰＥＦＣ（ＰＥＦＣＳに統合される前の認証機関）認証材であることを大きく謳っていたし、森林組合もやはりＰＥＦＣを掲げていたのだ。私は当時まったく知らなかったが、日本でもひそやかに認証取得材の「買い」が広がり出していたらしい。

それを目の当たりにしたとき、やはりちょっとした衝撃を受けた。森林認証が世界でどの程度動いているのか、私にその全容はわからない。ただ、世界の動きに大きく影響されざるをえない日本の林業、木材であることだけは、よくわかる。八二％が輸入なのだから、当然のハナシだ。

前述したように、日本政府は〇六年度から、不法伐採された木材およびその製品の輸入・使用を官公庁で禁止する決定をしている。不法伐採かどうかの判断基準には、認証の有無などがあげられている。

確実に森林破壊が進む状況では、遅かれ早かれ、何らかの安全弁として森林認証が当然視される時代が来るだろう。そのとき、その流れを遠いこととして打ち捨てていては、日本の山々の木が使われなくなる可能性を感じてならない。自国内のことだけではなく、世界の流れとして、認証についてもう少し積極的になる必要があるのではないか。ここでは再度、それを強調しておきたい。

第7章　山も元気になる家づくり

♪希薄な家と木の結びつき

一九九八年に地域の木を使って家を建てようと考えたとき、私はとても素朴に思っていた。「国産材を使う人と使われる場が増えれば、めぐりめぐって山が、木々が健康になっていくだろう」と。森林の再生には、とにもかくにも「使うが鍵」と。

日本での全木材使用量に占める国産材の割合が二〇％（考えついた九八年当時の割合。二〇〇四年は一八％に減少）では、林業が正常に営まれることはむずかしい。それは、多くの人工林が暗くて不健康なままに置かれる可能性の高さを示す。同時に、国産材の利用と輸入量との関係が表裏をなしている以上、国産材の使用量の割合を上げることが世界の森林破壊を多少なりとも止めるうえで必須と思うのは、自然だろう。

もちろん、木材は紙、合板、家具、土木資材などさまざまな用途になる。ただ、山仕事に直接ふれるようになって知ったのは、日本の森林は建築材を育てる山という色合いが強いことだ。戦後の山づくりは、住宅用建材に特化させる形で行われてきた。建材における国産材の占める割合は、総使用量に対する割合より多少は高い。三〇%台をキープしていて、一一%程度のパルプ・チップやほとんど国産が入り込めない合板と比べればマシだった。

いずれにしても、山側の育てる木が「住宅仕様」なのだから、「住宅」が当面の利用拡大の狙い目になることは、これまた自然の流れに思えた。ところが、いざ「家を建てる一般消費者」として山の木を使おうと考えたとき、ハテと立ち尽くしてしまう。私自身の経験のなかで、家に対して木が占める位置というかつながりが大して思い出せなかったからだ。

私が育った家は、東京のベッドタウンとなる新興住宅地に六〇年代後半に建てられた、当時としてはごく一般的な木造住宅だったと思う。畳の部屋は真壁《しんかべ》(柱が外に見えて、柱と柱の間が壁という、日本でむかしからある様式)で、塗り壁だった。洋室は合板の壁と床だったが、新建材が入り込む余地はいまほど大きくなかったと思う。

でも、その経験だけだったら、「家は木でできている」とはほとんど実感できなかっただろう。多少なりとも家に木が使われていることを明確に記憶にとどめたのは、七二年ごろの増改築のおかげだ。大工さんが材を削ったり刻んだりしていた。カンナがけのシャーッ、シャーッという音は、とてもリズミカル。削られたごみであるカンナクズは、薄く薄く透ける木のおぼろ昆布のようで、その薄さやくるりと丸まる様子と香りとがあわさって、ひたすら触っていたくなるような「くず」だった。ヒノキの香り(当時は、名前はわからなかった。ただ、これが木の香りと思った)も、たしかに記憶に残った。

とはいえ、大工仕事が終わって暮らしが元に戻れば、室内でとりたてて木を意識したり木の良さを実感したりという記憶は残っていない。だから、もし自分が木に特別な思い入れをもっていなければ、家を建てるときに積極的に木を選んだかどうかわからない。つまり、木造住宅に住んだ経験があるからといって、「家には木が一番、木を使いたい」と思うとはかぎらない。家と木の結びつきは、家のつくり手や林業関係者が期待しているほど強くないというのが、私自身の経験である。

まして、数十年も前から、集合住宅、それもどんどん高層になっていく集合住宅がのきなみ増えていった。「日本人の遺伝子には(木の良さがわかる何かが)あると思いたい」という話を大工さんにされたことがある。そうであればいいとは、私も思う。でも、遺伝子に潜む木の良さの認識は、それが喚起される場で「うん?ここは、なんかいいね」という反応は引き起こせても、白紙の状態から「木の家を建てよう」と思わせる力にはなりにくい。まずは遺伝子を眠りから覚まして、「木の家はいい」と「思い出す」必要があるだろう。

いたちごっこのようだが、とどのつまりは木の良さがわかる家と建物が増えるしか手はない。

♪木の家をつくろう

木造の家に暮らしていたけれど、この遺伝子が十分覚醒されていないことを自覚した私は、いろんな事情から突然降ってわいた自分の家づくりの好機に、とにかく「木っていいなあ」と思える家づくりを地域材を使って試みようと考えた。そのとき、自分の育った家に対する記憶と経験を紐解くことは、とても意味が大きかったと思う。

単に木造——真壁で柱が現れている——というのでは家と木をストレートに結びつけられなかった私にとって、どのような見え方、木の使われ方が功を奏するのか、自分自身が実験台だった。少なくとも、住む人たちが自然に木の存在を感じられる家づくり。木の存在感が、期待どおりに山とのつながり感をもたらすならば、そういう家づくりが増えることで山との接点は増える。

遠い道のりのようではあるけれど、生活実感として木と暮らしのつながりをもつ人たちが身近に増えていくことが、長い目で見て大切だろう。繰り返しになるけれど、あまりにも材としての木との接点がないゆえに、森林をただ環境面での存在としてとらえ、森林は大事だから木を伐るのは良くないという考え方が広がったと思うからだ。経験と実感がないためにそうした思考になるのならば、経験できる機会と場があれば変わるだろう。家づくりがその手段となればいいと思った。

一方で、もうひとつ意外な「つながりの欠如」も実感した。家づくりまでの四年間、わずかであっても山に入って木を伐るという一般的には珍しい経験をしていた私だったが、山に立っている木と、材としての木が結びついていなかったのだ。不思議と言えば不思議だが、山での仕事では、丸太の状態まで思考が止まる。それが加工されて家の材料になっていくことが、少しもピンとこない。

家を建てることで、それも施主が参加する家づくりというスタイルで大工さんといっしょに現場にいる——私たちはもっぱらいろんな塗る作業をした——経験ができたことではじめて、山に立っている木から家の部材となった木材への、別物のごとき変化の様子を体感した。ようやく連続性が実感できたのだ。

この経験で、林業をやる人たちが家づくりの素材をつくっているという意識をなぜもちにくいかも、想像しやすくなった。意外に思われるかもしれないが、少なくとも私が出会った山で働いている人は、そうした意識も自覚ももっていない人が多い。人工林づくりがひたすら建築用材だったのに、その最終的な目的に対する意識や自覚はとても低い。彼らもまた、山と家がつながっていない。

そういう経験を一とおり経て、つくづく思った。近くの山の木で家をつくるグループの多くが、山での伐採や植林、製材の見学などのイベントや勉強会を催すことは、とても重要で核になるプロセスなのだ、と。ただ見るだけであっても、その意味は大きい。

♪木造と木の家は違う

その過程で、家そのものにもポイントがあることがわかるようになった。自分が木造家屋に育ちながら、木の良さがわからなかった理由と深くつながるが、「木造の家」と「木の家」は違うのだ。それをきちんと言葉にしないと、施主にとっても、望むような木がいっぱいの家は手に入らない可能性が大きい。

それは、木の家づくりに努力する建築士たちがおおむね共通して建てる「民家型」と呼ばれるスタイルに行きつく。民家型は、柱や梁などの構造(簡単に言えば木の骨組み部分)がそのまま見える建て方だ。クロスや加工された木の貼り物で覆わず、無垢の板材を下地と化粧(表に見える部分)とに兼ねる場合が多い。だから、木材がそのまま見えていることが多い。「あらわし」と呼ばれるやり方だ。木の質感・存在感が大きい家、と言えばいいだろうか。単純に言って、いわゆる一般木造の家よりも木材の使用量が多い。

戦前の民家は、木の素材をそのまま活かす建て方が多かった。ところが、戦後は木材不足もあったし、クロスや化粧合板などの代替品が装飾性を強くもつようになったこともあいまって、木材は下地的な裏方の使われ方か、木目のきれいさだけを取り出した貼り物の化粧材が多くなる。結果、室内において木の質感やリアリティがとても乏しくなった。

現在、山側の問題に目を向けて木の家づくりをする多くのつくり手が民家型を雛形にするのは、ある意味で必然的だったのだろう。もちろん、さまざまのバリエーションがあるし、あえて民家型と呼ばないこともあるだろうが、雛形としては共通項がそこにある。

こうして、木の質感がそのまま見える家をつくるグループは全国に増えていき、「木の家」という言葉はこの数年、住宅業界全体のブームと言えるまでになった。大手住宅メーカーの宣伝にも登場し、たとえ木がふんだんに使われる家づくりとかけ離れていても、いまや宣伝文句として使われる人気フレーズだ。

ブームになることは良い面ばかりとは言えないが、木が多くの人にとって魅力的な素材として広がったことはたしかだと思う。それには、化学物質の蔓延によるシックハウス症候群や自然素材ブームも大きく関係している。それらを追い風にして、確実に木の家に対する住み手の側のニーズが広がっていることは間違いない。でも……。

♪木を使えば山は元気になるか？

山を出発点とみなしたとき、最終消費者である住み手の世界では「木の家」はかように活況を呈してきている。それが地域材でつくられているか、あるいは少し幅を広げて国産材でつくられているかを問うことはまだむずかしいけれど……。

また、ユーザーである住み手と林業とをつなぐ役目をする人たち・場も確実に増えた。地域の材を使う家づくりグループは大きく分けて、広い意味での山側が中心のグループと、街に住む建築士などつくる人たちが中心のグループに大別される。もちろん、山側にせよ街側にせよ、大なり小なり、いまの日本の山で木材が使われないことによって起きている荒廃を何とかしたいと考えている。

そうしたグループの数はたいへん増えている。地域材の家づくり運動のネットワーク組織であるNPO法人「緑の列島ネットワーク」代表理事の長谷川敬さんの感触では、数百にのぼるのではないかという(緑の列島ネットワーク編『地域材の家づくりネットワーク――緑の列島ネットワーク会議in足助』全国林業改良普及協会、二〇〇四年)。つまり、「使うが鍵」の使うほうは確実に増えていると言っていい。にもかかわらず、最終目的である山の側(林業)が元気になる話はあまり聞かれない。どうしてなのかを探っていくと、話は一面単純で、そしてまた一面複雑だった。

単純に見えるほうは、材の値段の安さだ。国産材の材価が頭打ちになっているのはいまに始まったことではないが、ここでおさらいをしておこう。

植林面積がもっとも多いスギの山元(山の持ち主)での価格は一m³あたり四八〇一円(〇三年)。これは、一九五五年の四四七八円と大して変わらない。五〇年間にあらゆる物価は上がり、私たちの賃金も大幅に上がった。それなのに、スギ材の値段はほぼ同じだ。また、六一年当時スギ一m³で一一・八人の林業労働者が働けたが、〇二年にはわずか〇・四人しか働けない。一人分の給料も出せないというわけだ。三〇年、四〇年と育てたスギやカラマツ一本が大根一本の値段にしかならないと皮肉のように言われるのは、比喩ではなく事実だった。

それが近年、さらに厳しくなった。正確に言えば、スギやカラマツというこれまでも安値を続けてきた材の値段そのものは、この数年で大幅に安くなったわけではない。そもそも、山で伐った材を引き取ってもらえなくなっている。私の一方の拠点である長野県はカラマツ産地だ。材の選別がより厳しくなり、少しでも曲がっていると見なされると原木市場が引き取らない。ちょうど収穫の時期を迎えるに至った四〇年生前後のスギも量が多い「団塊の世代の材」のために、引き取り手がない。それが結果的に材価を引き下げていく。

スギやカラマツに比べればまだ材価が高かったヒノキも、最近では低化傾向が強い。結果、国産の建築用材は軒並み低価格状態である。

私自身の発想もそうだったが、地域材を使う家づくりグループの多くも、とにかく材が使われれば山に還元されると考えて行動を起こしたと思う。そのとき、材の値段を独自に設定するグループはきわめて少数だった。ほとんどは、変動する市場の価格で買っている。だから、地域材を使う家が各地で建てられているにもかかわらず、山が元気になったという話が聞こえてこないのだ。材価が市場に左右されていれば、山元には還元されない。

なお念のために書けば、地域材を使った家づくりのグループは、数は確実に増えているけれども、年間の建築件数はせいぜい数軒、多くても二ケタというのがほとんどだ。それは、日本の住宅の建築件数から言えば微々たる数にすぎない。

♪熱意が結実した三方よしの家づくり

私が「使うが鍵」と考え、地域材を使った家を森林再生の突破口にしようと思ったのは、「みんなにとって」いまよりも「良い」やり方が見つけられるのではないかという期待があったからだ。ここでいう「みんな」は、山で働く人、山に立つ木、家のつくり手、そして住み手という、山から街まで家を中心にしてかかわるすべてだ。そのすべてがいまより良さを享受できて、なおかつどこかひとつにしわ寄せがいかないという意味である。

使ってほしい木は文字どおり山ほどある。木に対する技術をもったつくり手の伝統もある。消費者は自然素材で気持ちのいい木の住まいを望んでいる。ところが、ボタンがひとつ掛け違っているのだ。山にありあまる木は使われず、山元は汲々としている。つくり手も住み手も愛着や誇りをもてない、二〇年ぐらいで使い捨てる家がたくさん建ち、ごみ問題も健康問題もそれにくっついている。唯一、まわっているのは経済だけだ。

いろんな人にこう話していたら、滋賀県大津市の取り組みを紹介された。「大津の森の木で家を建てよう！プロジェクト」（以下「大津の森」）だ。日本全国に広がった、近くの山の木で家をつくる運動のひとつで、「住み手よし、造り手よし、地域（環境）よし」という「三方よし」がキャッチフレーズ。みんなで満足する家づくりをめざしているという。それは、ボタンの掛け違いを戻すための動きと私には思えた。

大津は京都から電車でわずか一〇分で、地元に暮らす多くの人にとって林業はほとんど意識されていない。一方で郊外には人工林が多く、実は滋賀県のなかでもっとも森林面積が広い。古くから良質のスギの産地として知られた葛川《かつらがわ》地区もある。しかし、戦後植林された山が多く、材がブランドとなっているわけではないので、産業として認識されづらく、県外で流通する材が多い。大きな林業家がいないという点も含めて、戦後に植林を始めた多くの地域に共通する問題をもっている。

そういう条件のなかで、建築士、工務店、製材所、大工などつくり手の一四団体が集まって〇二年に始まった「大津の森」は、最初から山元に「妥当な」お金を戻すことを柱のひとつにしていた。山側が中心となるときには見られる試みだが、この会の中心はつくり手たちなので珍しい。だが、「大津の森」の会長であり、三和総合設計株式会社の代表取締役で建築士の岩波正さんは、不思議ともなんともない表情で言った。

「いや、そりゃ当然やないかな。こんな（材の）値段やったら、林業やらんていうの当たり前やと思うし。（自分たちが）木を使いたいと思たら、そりゃ妥当な値段で買わな続かんよ」

そのとおり。そのとおりではあるけれど、山の立場に立って「そりゃ続かんよ」と言うだけでなく、それを具体的に解決する行動へつなげることが、現実にはむずかしい。「大津の森」では、「三方よし」の理念のもと、まずはシワ寄せが常にいっていた山元が「いったい、いくらならばいいか」の算出から始めた。山元で必要な金額を出し、製材、設計、工務店、施主と順次流れていくなかで、最終的に施主に請求する代価を探ることから始めたのだ。

「山元ではとても安くてふたたび山をつくることができない金額で木がやり取りされる一方で、施主の側にとっては『木は高い』と思われている。本当はどうなんだ？　山元が正当な利益を得る価格は、施主にとってそんなに高くなるものなのか？　まずはきちんと割り出してみようとしたんです」

こう主旨を説明するのは、大津林業事務所(〇五年当時)でこのプロジェクトを始め、さまざまな立場の人をまとめる役を担った山口美知子さんだ。

そう、山では二束三文の値段の木材が、家に使われる際には「木は高い」と言われる。不思議と言えば不思議な現象なのだ。「大津の森」では、まずそこを解き明かしながら「三方よし」実現の道を探ろうとした。

「でも、それがむずかしかった。いくらならええんかとなると、山の人はそれが答えられへん。高ければありがたいとは言っても、いくらならいいのかを山側では言えへんのやね」という岩波さんのセリフを、山口さんは別の角度から解説した。

「いまの材価で新たに山をつくるのがむずかしいのはわかっているものの、四〇年、五〇年とかけてきた経費をそこに丸々乗せようとすれば、やはりとても高いものになってしまうんですよね。全部を材価に反映させることは無理。そうなると、何が妥当なのか、本当にわからなくなってしまって」

もちろん、造林費や伐出費など、山で育てて材として伐って出すまでの具体的な数字は試算してみた。たとえば、六〇年生のヒノキの保育作業にかかった経費を、補助金を差し引いた所有者負担が一ヘクタールあたり約一五〇万円とみなし、四〇〇本を伐り出したときの材積を一七六m³として、一m³あたりの経費を約八五〇〇円とした(ただし、これはあくまでも現在の補助体系による試算で、六〇年間の金利を含まない。また、むかしは補助制度がなかったから、林家の経費負担は実質もっと多い)。

でも、最後は「えいやっ」と決めるしかなかったという。そして、山元が「それなら、ええ」と言ってくれたのは、根拠ある具体的な数字というよりも、「山に足を運んで、何とか山にも金が還元されるようにしようという熱意」だったのだろうと二人とも認識している。岩波さんは「決め手」についてこう言った。

「山にうちらが通って、どうしようああしようと話したことが、結局は山の人には大事やったんやなあと思った。それによって信頼されたんやと思う」

製材を担当している株式会社伊藤源の代表、伊藤誠さんも言う。

「いまの山主さんは、山だけで生計を立てている人は多くないんですね。どうしても伐らなきゃならない、というのではないですから。逆に、こういう材価の悪いときにあえて伐らなくても、という方が多いんです。こちらの熱意が伝わるうちに喜んで、『ウチの山の木を使ってくれ』と言ってくれる山主さんたちが出てくれたらと思う」

材価が安いために市場へまとまって供給される話は大型林業地ではある一方で、そういう大型林業地でない地では——それは日本各地にある——山に暮らしを依存していないがゆえに、「わざわざ伐る必要もない」と思う小さな林家が多いのだ。

それがまた、地域材を使いたいグループにとってはむずかしい壁になってもいた。山に材はあるものの、使いたい材が出てこないという矛盾だ。市場に出る材を買えば、安値ゆえに建てる側にとっては一面ありがたくても、活動の主旨から言えば森林の保全につながりにくい。もっと緻密な連携をとろうとすると、「こんな材価の時代にあえて売ろうとは思わん」という売りしぶりにあう。その悪循環を止めたのは、結局は誠意・熱意というヒューマンな要素だった。でも、それが鍵なのだろう。

♪決して高くない

〇四年に完成した第一号の家の材価格は結局、一㎥あたり平均一万五〇〇〇円前後という線になった。平均というのは、材の値段は元玉《もとだま》と呼ばれる根にもっとも近い材が一番高く、値段は一律ではないからだ。それらを平均して、「このときの(市況での)山元立木《やまもとりゅうぼく》価格の二倍ぐらいの値段でした」と山口さんは言う。

山元に通常より倍の材価を一括して支払った後、工務店や製材所などで割り増しになった材価分を負担しようとする動きがあったという。つまり、自分たちの工賃や利益を多少下げて、材価を少しでも安くしてあげたいと思ったのだが、それを山口さんは止める。

「誰かがしわ寄せをかぶれば、結局それは長続きしない。今回はとにかくみんながそれぞれ必要な経費や利益を取って、最終的にどうなるのかをやってみましょう」と強調したのだ。

山口さんのブレーキは大事だったと思う。「三方よし」のために、本当のところ各段階でどうなっているのか、どうなっていくのかを探るのが重要だと思うから。

「最終的に、このお宅の延べ床(面積)は三四坪で、使った材積は二四㎥になります。一軒の家に使われる木材(製品)の量は二二〜二三㎥と言われているから、だいたい同じ量を使ったことになります。山での値段を先に決めた流れでいくと、製品価格は一㎥約九万円になると予測されました。これを地域材ではない国産材の製品価格(構造材)と比べると、プラス一万五〇〇〇円前後です。一般国産材の製品価格がだいたい一㎥七万五〇〇〇円というのが、プロジェクトメンバーの経験から示されたものですから。つまり、一軒あたりでの木材に対する価格差は、他の国産材との比較で三三〜三五万円程度でおさまったことになります」(山口さん)

山元に多少なりとも還元する努力は、結果的にバカ高い金額を施主に押し付けることにはならなかったのである。では、各段階の仕事にもきちんと利益があったと言えるのだろうか？

「そこなんですが(苦笑)……。多くは語られませんけれど、おそらく製材所、設計士、工務店、それぞれ少しずつ(材価増加分を)引き受けてくれたから、この程度なんだと思うんです。だから、今年は目標が三棟なんですが、今度はちゃんと(正当に)取ってもらいたい。それぞれにきちんと商売してもらえるようにしないと、続かないと思っています」(山口さん)

山口さんは、敏感にアンテナを張って山元へのしわ寄せ解消の試みが別なしわ寄せを起こすことを防ごうとしているようだった。それこそが「三方よし」を具現するのだから、はずせない視点だ。

いずれにしても、このように「本当はいくらになるのか」をひとつひとつ明確にしていった試みは賞賛に値する。どのぐらい割高になるかがこうして示されれば、施主は信頼すると思う。増加分の三〇万円強を高いと見るか安いと見るかは、意見が分かれるかもしれない。ただ、住宅の総工費が一〇〇〇万円単位であることや、キッチンや電化設備などの付帯設備に高額商品があることを考えると、森のプラス分がまさに三方よしをかなえるものならば、ものすごく妥当な、いや、私の見方としては「とっても安い」と感じる。

♪小規模だからできる

「大津の森」の試みはまた、戦後の新しい造林地を多少ともかかえる多くの地域に参考になると私には思えた。大きな林業地ではない地域での小規模な取り組みが逆にメリットとなる可能性を感じるからだ。それは、岩波さんのこんな発言からだった。

「結局、うちらつくる側も零細やし、ここの山元も零細なんやね。だから、手を結べた。相手の側に立って、そりゃ大変やと思えた部分があると思う。おっきな林業地の見学に行ったことあるけど、あれはまた大変や。地元のちっさい設計士相手にどうこうしてられんやろと思った。それを考えると、零細同士やからできるとも言えるんちゃうかな」

大規模林業地は、それに見合った解決策を模索しなければならないし、零細は零細で工夫しなければならない。当たり前なのだが、なかなか「我がことの問題」として自分たちの立ち位置を正確に見つめて分析し、それに即した解決策を模索するのはむずかしい。ついつい、よその事例を真似してしまいがちだ。「大津の森」は、地道に足元を固めて進んでいるようだった。

岩波さんだけでなく、メンバーのほとんどがこの姿勢とコンセプトを共有していることが強味だと感じると山口さんに告げると、山口さんの深い信頼もそこにあった。どうしてそんなメンバーがそろったのだろうかと不思議になったが、実は「大津の森」が始まる前の九八年から

いていた。そして、そのうちの一人である滋賀県の大工棟梁で工務店を営む（略）

岩波さんを中心に、つくり手たちが「木考塾《もっこうじゅく》」という木の家づくりについての勉強会を続けていたのだ。第一号施主は、その流れからコンタクトをとったという。

そこで山の現状や木について学び、それが山元への理解と共感をもたらしていった。プロジェクトが立ち上がって林業事務所が参加の募集をかけたとき、この木考塾のメンバーがこぞって参加したので共有基盤がとてもできやすかったそうだ。坂元建築工芸を営む大工の坂元宏行さんの話が印象深い。

「ぼくらは自分の仕事のなかだけにいると、それぞれがある種対立的な立場でもあるんですよ。製材所と工務店にしても、設計士と大工にしても。もっと安くしてくれ、高くしてくれ、これはああしてほしい、そんなんできん、などとね。でも、異業種が同じテーブル囲んで勉強することで相手の立場も見えてきたし、共通に解決していかなどうにもならんということが理解できたのは、すごく大きい」

たしかに、そうした姿勢で続けた五年間の勉強は大きい。山元への理解と共感、そしてつくり手として「自分たちには何ができるのか」という実践力、互いの理解と協力。走り始めたばかりで、難題もまだ山ほどとは言うけれど、その蓄積を生かして後が続いてほしい。

なお、滋賀県では、地域材を使うそれぞれの立場の人たちが集結して、「こんなふうに家を建ててもらいたい、建てられる」という本をつくった。『滋賀で木の住まいづくり読本』（滋賀で木の住まいづくり読本制作委員会企画・編集、海青社、二〇〇五年）。地域でいい木の家づくりと、それに連なる職人仕事をコツコツしている人たちの肌触りが伝わる本だ。地場のつくり手たちが集まって、「売らんかな」ではなく、それぞれの思いが伝わる本が出されるのは、楽しい。何よりも、木の家に携わっている人たちがこんなにいることが頼もしい。

♪提案型住宅プロジェクト・サンゲンカク

「山元にお金が還元されるところまで踏み込む家づくり」という問題意識を口にするうちに、地域材を使う家づくりで中心的に活動している方々から同じ名前を聞くようになった。「戸塚さんに会うといい」と。

戸塚元雄《とつかもとお》さんは、香川県高松市で設計事務所を開く建築士だ。でも、〇二年に始めた「NPO木と家の会」(以下「木と家の会」)の会長として、〇五年一年間は自身の設計仕事はほとんど休眠状態というほど、「木と家の会」の仕事に専念していた。

取材は折よく、「木と家の会」が広めたいと検討を続けてきた家づくり「サンゲンカク」の初の見学会・説明会と重なった。ただ、「サンゲンカク」の意味がわからない。ホームページにも、届いたチラシや葉書にも、どこにも説明されていないのだ。ただただ「サンゲンカク」という言葉が出てくる。わざと説明せずにミステリアスにする作戦だろうかと推測して、出かけた。

答えはあっけなかった。日本家屋の寸法では必ず使われる「間《けん》」のことだったのだ。畳の長いほうを一間《いっけん》と呼び、それは約一八二センチになる(地域や時代によって、多少の長短がある)。縦横三間の四角い間取り(九坪=一八畳)だから、「サンゲン」の「カク」。この間取りを基本コンセプトとする家づくりを広く伝えたいと動き出している。一番の狙い目は三〇代の若夫婦、はじめて家を建てる層。

「家を建てたいと考え出す若い世代には、シックハウスやアトピーなどから健康や自然素材に関心の高い人がけっこういてる。でも、木の家は高いから、とあきらめる人が多いんやね。本当はその人たちにこそ木の家を建ててもらいたいのに、それがむずかしかった。一方で、最初から山の木や環境に理解を深く示す人は限られる。その人たちだけを対象にしてては、この種の家づくりはなかなか広がっていかない。理屈よりもまず魅力的家じゃないと、広がるのはムリがあるんやね」

「木と家の会」の理事で、高松空港まで迎えに来てくれた香川県職員である松下芳樹さんのサンゲンカクを考えだした背景説明には、うなづけた。

「自然素材や木の家に関心の高い人は多い」のに「山の木や環境に理解を深く示す人は限られる」という発言は一見矛盾するようだが、現実にこの二つはうまくつながっていない。消費者の「木の家」に対する人気はあるものの、「どこから来る木なのか」までは強く意識されておらず、木という素材であれば満足である場合が多い。手間や時間のかかる地域材を使う家づくりに簡単に入る人は多くない。

「木と家の会」ではその現象を注意深く観察し、分析した。だから、運動の目的や考え方を前面に出すのではなく、うまく織り込んで、結果的に消費者に人気の高い「木の家」が手ごろに建てられるように考えたのだという。

私はこのターゲットより一〇歳ぐらい上の世代になるけれど、自分も含めて私より下の世代には、すでに書いたように素材としての木の経験が決定的に不足している。だから、「山の理解者」育成のためには、その世代にこそ――これから子どもを育てる人たちだから、親子でセットになる――木の良さのわかる家が必要だと思っていた。

ただ、いかんせん、それはむずかしい。価格について「木は巷《ちまた》で言われるほど高くない」と書いてきているものの、比較で言えば、建て売りで驚くほど安い家があることもまた事実だし、大手住宅メーカーの客寄せの坪単価は割安感を打ち出している。それに比べて、顔の見える関係で、近くの木で家をつくる家づくりは、どうしても時間がかかるし、最初に割安感を出すのはむずかしい。建売住宅でなければ最終的な価格は実はそう違わないことが多いものの、決して「安くなる」とは言いがたい。だから、この種の家づくりには収入がそれなりに蓄えられた年配の世代が多い。

「木と家の会」では、次のように分析した。土地を持たずに新しく家を購入する若夫婦の場合、予算は土地も含めて二〇〇〇万円台と言われている。高松での土地価格を考えれば、建物は一五〇〇万円ぐらい。

「上限が決まっているんなら、最初からおっきな家建てるんやなくて、その値段でつくれるところまでまず建てる。そして、家族が変化していくのにつれて少しずつ手を入れていけばええんやないか。こちらから家のあり方、住み方を提案するゆうのがメンバーの設計士から出たんです」(松下さん)

実はそれは、山側にぐっと一歩入り込んだ結果として出てきたものでもあった。山側と住み手側の両方に深く入り込み、そこをつなげるために、どうしても必要ないくつかのことを総合的に提案する。それがサンゲンカクになっていく。

♪規格化と「本来の材木屋」の重要性

「木と家の会」は、森林所有者と協定を結んで、市場の変動に左右されない値段設定を毎年話し合って決める。おおむね市場価格よりやや高く買う結果になるそうだが、わずかでも山元への利益の還元を会の柱にしているのだ。

文書化された協定内容は多岐にわたる。「持続可能な森林管理」の項では、山がきちんと再造林(伐採後に植林して、ふたたび人工林にしていくこと)され、適期の下刈りと間伐をすることも盛り込んでいる。つまり、山の健全な維持を担保として契約するわけだ。また、材の規格も盛り込まれている。用途別に種類を限定し、寸法を数種類の長さと厚さにそろえることで、山側の負担を極力軽減する目的だ。それが、サンゲンカクの家づくりにもつながっていった。

「ぼくは徳島の和田さんのところの材をずっと使っていたので(徳島県那賀川町《なかがわ》で林業・木材業を営むTSウッドハウス協同組合の和田善行《わだよしゆき》さんは、地域材の家づくりにおける山側の先駆者的存在：筆者注)、山側のいろんな問題については直接タッチしなくてすんでいたのですね。全部和田さんに任せておけば、いい材が使えた。でも、和田さんに出会うまでは材については本当に苦労が多かったので、民家型の家を建てるためには山側の資源の確保がとても大きなネックだと思っていたんです」

二〇年近く民家型の家をつくり続けてきた戸塚さんは、そもそもの発端をそう説明する。和田さんと出会って材の確保に自分が頭を悩ませなくてすむようになり、自分だけの問題ではなく、恒常的に材が確保できるようにはどうしたらいいのかに目が向いたのが、運のつきだった。ちょうどそのころ松下さんと出会い、山のためにも住み手のためにもなる家づくりについて触発され、会を発足させる。そして、直接山側と接するなかで実に多くの課題にぶつかり、かつ、いかに山のことに思いを致さずに家を建てていたかに気づいたと、苦笑しながら言う。

「建築士は自分の設計のことしか考えませんから、使いたい部材、長さや厚さを好き勝手に注文するんですよ。それが材を出す側にとってどれだけ負担か、はじめてわかりました」

高松に本拠を置く「木と家の会」が協定を結んでいる森林は、香川県との県境に位置する高知県の嶺北《れいほく》地方(大川町、土佐町、本山町《もとやま》、大豊町《おおとよ》)だ。四国四県のなかで香川県は唯一、森林面積の割合が低い。以前は松林がほとんどで、七〇〜八〇年代の松枯れによって大きな被害を受けた。その後ヒノキが植林されたが、まだ若い段階で、県内の人工林から材を供給するには至っていない。

高松には常に渇水の危機感があり、嶺北地方はその水源である。そこで、キャッチフレーズは「水源の森の木で家を建てよう」。戸塚さんは最初の家を建てるとき、材を選んで伐り出し、製材して乾燥し、保管するところまでを山側に依頼し、街側は家を建てる、施主とのやり取りをするという棲み分けをした。

「でも、ぼくたちが山側に依頼したことがね、どれだけ山側にとって大きい負担だったかを学びました。そして、いま木材が高くなっている理由にもぶつかったんです」(戸塚さん)

山で木材を伐り出すと、原木市場で売買され、製材所で製材される。その後、製品(製材品)市場にまわり、材木屋に買われる。さらに、材木屋から大工、工務店に届き、最後に現場(施主)へ届く。これが、もともとの流通システムだった。その後、外材が増加するにつれ、海外木材加工業者→商社→国内製品市場または大手流通業者→プレカット工場→工務店→現場という流れが主流になっていく。

いずれにしても、こうした多段階の部分にさまざまな業種がかかわれば、最終消費者である施主の段階で材の値段が高くなるのは、むべなるかな。

「これじゃあ、山元へのお金の還元も、より住み手に供給しやすい価格設定も、むずかしい。それに、材木屋の仕事だった商品管理を山でやってもらうのは、いかに彼らにとって負担だったかがわかりました。もともとしていない仕事が増えたんですから。で、問題を整理すると、まずは製材の種類(寸法)を極力シンプルにして手間を省く。そして、乾燥(「木と家の会」は基本的に自然乾燥)と材の管理は絶対にしなければならないから、その仕事をしてもらうところに必要なお金を払う。で、材の管理を材木屋に頼むことにしたんです」(戸塚さん)

国産材の利用促進という動きのなかでは、実は材木屋不要論が多い。単純に流通をシンプルにして費用を抑えるという意味もあるし、「いまの材木屋は必要な仕事をせずに、ただ材を仲介して流すだけでお金をとるから」とも言われる。一般に材の値段の一〇～三〇%が材木屋の手数料だ。実際に手間のかかる製材品の管理はしていなくても、材木屋をとおして材を買うと手数料が値段に含まれるのならば、単純にそこを飛ばすという発想が出るのは不思議ではない。でも、戸塚さんは「本来の仕事をする材木屋は重要」と言う。

「もちろん、ただ材を右から左に渡すだけの材木屋では、ダメなんです。でも、正当な仕事、つまり乾燥と管理をしてくれる材木屋ならば、必要です。必要な仕事には必要な経費を支払うのが当然ながら大事で、それ以外の部分を極力省くというだけなんです。ただ、それがなかなか……(笑)」

戸塚さんはどこまでも柔和で穏やかな口調で、わかりやすく説明した。

至極もっともな話に聞こえるものの、相手にしてくれない材木屋がほとんどだという。それは、手間のかかる仕事が負担だから。むかしならば当たり前にやっていたことかもしれないが、外材が入ってきたり、人工乾燥材が多くなった現在では、小まめに材の管理をする必要はなくなっていたのだ。今回は、野崎木材という材木屋が乾燥と管理を戸塚さんたちが想定する形で「やりましょう」と言ってくれたことで、山側の負担が分散できた。ただ、「やりましょう」と言ったのは跡取りの息子さんで、先代は関心を示さなかったという。

ちなみに、乾燥、維持管理、保管などの経費として、「木と家の会」では一㎥あたり二万五〇〇〇円を材木屋に支払う。山元に負担をかけずに木材を買い、経費としてこれらを上乗せしていく。それで一五〇〇万円前後(平均延べ床面積二二〜二五坪)で家を建てるためには、木材と木工事(木を扱う作業部分)の部分をシンプルにして価格を抑えなければならなかった。木材の規格化はそのために有効で、大工仕事の手間を減らすことにもつながっていく。

「こういう木の家づくりでは、木材と木工事の部分が建築費用に対して四〇〜四五％ぐらいいくそうなんやけど、それをなんとか四〇％きらないかんと考えた」(松下さん)

驚かされるのは、そのような規格化とシンプルさを売りにしつつ、釘を使わない伝統工法と、むかしながらの竹小舞《たけこまい》の壁(土壁の下地として薄く細く裂いた竹を組む)という、バリバリのこだわりが標準なのだ。それで「一五〇〇万円」はスゴイ。

望む姿にもっていくために、根気強く道筋をつけていく戸塚さんの労力はいかばかりかと思う。その余波が「この一年、休眠状態です(笑)」というように、本業そっちのけになるのだった。

戸塚さんらの努力は、山側にもさまざまな影響をもたらしているようだ。嶺北地方で原木市場と製材業をあわせて営む田岡秀昭さんは、「山側の意識は、この家づくりでとても変わってきた」と「木と家の会」とのつながりによる効果を次のようにあげた。

「これまで山側は、木を育てて売るところまでしか関心がなかったんですね。あたかも丸太ですべてが完結するように。自分の山の木がどんなふうに家になるのかを気にしていなかった。そういう習慣をもっていなかったんです。でも、『木と家の会』とのつながりで、実際に家となっていく自分の山の木を見られるようになって、すごく変化が起きています。目が広いところまで向くようなった。それでつくづく思うようになりました。これまで林業は、何とか立て直すためにひたすら大量に大型に、という方向で来ていましたが、それは方向が違うんじゃないか、と。家の柱一本、板一枚が、本当に大事なんですよね。木を使ってくれる人が見えていることとのやりがいと楽しさは、まったく違った。影響はとてもあります」

そう言って、「デメリットは何もない」と断言した。実際、仕事は増えている、と。

現在、協定を結んでいる嶺北地方の森林所有者は一九人、森林面積は約五〇〇ヘクタールに広がっているという。面積は今後も増えていくと田岡さんは見ている。たしかに、市場に出すより多少でも高く買ってくれるのならば、単純に言って「いい話」に私には思えてしまう。そう戸塚さんに言うと、話はそれほど単純ではなかった。

「木と家の会」ではいまのところ、木を山ごとすべて買うわけではない。選んで買う。原木市場よりやや高く買う理由を、住み手へは「選木料」と説明している。だが、ある山でいい木を買い取れば、残った木は最終的に市場に出るときさほど高品質にはならないことが多く、結果的に安い価格で取り引きされかねないという。だから、山全体としてみたときには、多少高く買われても大差はないという側面もあると、山側の人に指摘されたそうだ。いや、単純にはいかないものだ。

♪自由度のあるスタイル

このように木材の確保と山元への還元に道筋をつける一方で、施主予備軍に対して「山や環境を深く意識しているのではない多くの層にどうアピールできるか」の検討もずっと続けていた。それがサンゲンカクとして結実したのだが、その前にもうひとつハードルがあったと戸塚さんは言う。

「山の側にとってある程度の規格化が必要だというのは、ずいぶん以前から考えていたんですね。実際、各地でこの種の家づくりをしている人たちもだいたい規格化していく方向にあるでしょ?」

そのとおりだった。多種多様な寸法の木材の使用がいかに木そのものにも価格的にもロスになるか、実際に取り組んでいけば多くの人が気づく。その問題にぶつかって規格化を検討する話は、私も聞いている。

「で、一二年前(〇三年)に規格化をベースにした提案型住宅の形はできあがったんですよ。でもね、できあがったら、ツマラナイの。次にそれを建てたいって思えなくてねぇ。これではおかしい、何か違うと思って。それで、その規格化住宅というアイディアをいったんご破算にしたことがあるんです」

「規格化」という言葉からは、たしかにある種のパターン化したツマラナサのイメージが喚起される。一定の寸法や材を使うからといって、何から何まで「同じ」になるわけではないのに、魅力を自分も感じられないのはなぜなのか。戸塚さんは自問していく。そんなとき、「木と家の会」のメンバーで建築士の根岸徳美《ねぎしなるみ》さんから出されたアイディアが「サンゲンカク」だった。

「骨組みと部品でつくっていく。これによって変化に対応していくというコンセプトはできあがっていたんですが、そこに暮らし方の変化への提案が根岸さんから出て、あ、これだ、と思ったんです。自分には住み手が見えていなかったんですよ。住む人の暮らし方でいくらでもバリエーションが出てくることを、忘れていた。住み手を抜きにして規格化を考えてはいけないんだとわかったんです」

光と風が小さな家に満ちる（写真提供：UN建築研究所）

メインの間取りは前述したように三間×三間の四角。その核となる骨組みの間取りに、部品としてキッチン、洗面所、トイレなどの水まわり部門、収納、玄関、階段、土間、デッキなどのパーツをさまざまなバリエーションで「くっつけていく」という。自由度のもたせ方で、提案型住宅は一気に広がりをもつ。さらに、若い世代に手の届く価格とするために、最初は小さく建てる。そして、家族の変化とともに少しずつの建て増しを見込んで提案する。

それをひとつのストーリー仕立てにしてイメージしやすくしたり、いろんな間取り例をスケッチした、可愛らしい小冊子が取材当日売られていて、思わず買ってしまった。見ているだけで、楽しい。私はすでに大満足の木の家を建てて暮らしているのに、〈小さい家、可愛いなあ〉と、単純に「それ、ほしい」とよそのおもちゃをねだる子どもの気分だった。

もちろん、イメージとして可愛らしいだけではない。見学会で見た建築中の家は、骨組みだけでも美しさと品格が醸し出されていた。骨格の柱や梁、土台は五寸(約一五センチ)という重厚さ、塗り壁のための下地となる竹小舞が組まれていて、自然素材ゆえの存在感をそれぞれがもっているせいだろうか。

戸塚さんが、最初の提案型住宅を「ツマラナイ」とやめたのは、ものすごく大きなポイントだったと思う。家づくりに対して素人である住み手が、自分の夢やアイディアをうまくふくらませて表現することは、なかなかむずかしい。一方、全面的に定型化して提案されたならば、話は早いかもしれないが、夢は見出しにくい。住み手はワクワクしにくい。このサンゲンの規格部分と、さまざまな付属のバリエーションを組み合わせて、パーツをあっちに置いてみたり、こっちに並べてみたり、という具体的なやり方で「自分たちの暮らし」を思い描くのは、よりやさしく、かつワクワク感がある。

「いい家をつくります」と言ってゼロから施主と相談していくことと、「こんな家ができます」とモデルを具体的に提示することとの大きな差をそのとき知ったと、戸塚さんは言う。

「規格材を使っても決してワンパターンになんかならないんですけど、それがなかなか理解できなくて。自分もそのひとりで、頭かたくて仕方ないんですが、そこから抜けにくいんですねえ、設計士は。自分の設計、オリジナルがしたいわけです。現実には、このくらいの規格は当たり前すぎるものです。ずっとむかしはあったんでしょうが、途絶えたんでしょうね。それをもう一度、山にも住み手にもいい形で共通化することは、今後の大きなポイントになると思うんです」

全国で建てられる木の家にこうした共通の寸法が基盤となれば、全国的な国産材の利用の広がりにつなげられるという期待を、戸塚さんたちは大きくもっている。一地域での規格化ではなく、木の家全体の共通言語にしたい、と。そう、北米の住宅が2×4(ツーバイフォー)の角材を基本にしているのと同じような感覚で。

「木と家の会」事務局長(〇五年当時)の大西泰弘《やすひろ》さんは次の動きについても教えてくれた。

「サンゲンカクはあくまでも入り口、入門編なんですよ。ユニバーサルデザインでの高齢者向けや、資金的に余裕がある方は最初からもっと大きな家を建てることも、この規格木材でできます。すでに、そういうアイディアがどんどん出ています」

もちろん、課題は山積みだという。まだ山側には材を常にストックしておく余裕がない。それは、安定した材の行き先となる「施主のストック」がなければ、木を伐るリスクが大きいからだ。それゆえ、「建てたい」という施主が現れても待たせる結果になってしまい、ややもすれば客を逃してしまう。山側のストックとコンスタントな施主獲得を両輪として進めていく必要があるが、なかなかむずかしいという。だから、香川県だけではなく、より広いネットワークをつくり、両者のストックの幅を広げたいと考えている。それはまず、四国のネットワークとして構想されていた。

また、ゼロからの設計ではない分「安く、早く」できるはずが、始めたばかりなので試行錯誤したり、バリエーションを施主にいろいろ提案したりなどで、いまのところはオリジナル設計と同じくらいの手間を要している。それも、これから改善しなければならない。

「でも、自分の設計をやめても、というか、正直こっちのほうがいまは本当に楽しいんです。とても手ごたえがある。自分の設計の家を建てることには、あまり興味がなくなっていて」

戸塚さんはそう言って、笑うのだった。

♪理念ではなく結果

地域材を使い、顔の見える関係で家をつくることが地域の森林保全の最良の策だと考えるつくり手も産地も、すでに書いたように増えている。その一方で、どのグループも裾野の広げ方には苦戦している話が多い。戸塚さんは自分の体験から、こう解説した。

「最初この活動を始めたとき、すごくいい住み手の人たちに会ったんですよ。関心があって、長いこと勉強してきたような人。説明する必要がほとんどなく、わかってくれる人たち。とても楽しい充実感のある仕事ができた。それが一年目。でも、二年目、三年目と、どんどんそういう人が減っていくんです。つまり、環境問題や地域に関心の高い人たちは、そう簡単に増えないんだ。確実にいるんですよ、少数。でも、その人たちだけを対象にしていたら、この家づくり、ひいては森林の保全は広がらない。

ぼくたちがね、そういう人たちだけを対象にしていると、自足しちゃうんだと思う。正しいことをしている、という意識かな。だから、広げるためにはどうしたらいいかを考えるんじゃなく、消費者を『教育する』ことを主に考えてしまう。で、広がらないと、理解しない施主がバカだみたいな話になってしまう。わかるんだけどね、気持ちは。でも、それはやはり違う。提案型住宅を始めるときに、自分たちの主張や考えはきちんと入れながら、それらを決して前面に出さない、ということを気をつけました。理念ではなく、いいデザインと品質、手ごろな価格だから建てられる。その結果として、山にも家にも住み手にもいい、そうなりたい」

「三方よし」は「大津の森」のようにキャッチフレーズとして出てこなくても、必ず中心になる考え方なのだと、戸塚さんと話しながらあらためて思っていた。これまでしわ寄せが寄りすぎていた山元への確実な一歩と同時に、住み手にとっても積極的な提案をする「木と家の会」の活動が、全国で共感を呼ぶようになるといいと思わずにはいられない。小異はあろうが、大同をめざそうじゃないか。

第8章　ときを刻む森へ

♪森林療法の町

ドイツ南部、オーストリアやスイスとの国境に近いバイエルン州。その州都であるミュンヘンから電車で一時間ほどのところに、バード・ヴェリスホーフェンという町がある。日本ならば、都市部に仕事に通う人びとがたくさん暮らす郊外のベッドタウンとなっても不思議ではない都心に近いこの小さな町は、「癒し」を産業にして成り立っている。

いまから一〇〇年以上も前の一八九〇年代に、カソリックのクナイプ神父が自らの結核を治療するために考案したクナイプ療法という自然療法を提供するのが、この町の主要産業だ。クナイプ療法を受けるための保養客向けのホテル、ペンション、クアハウスなどが軒を連ね、クナイプ医師やクナイプ療法士が暮らす。駅前にはレストランやカフェ、さまざまなショップなどが広がるが、穏やかで品のあるにぎわいだ。周囲には畑と牧草地と森がモザイクをなしながら、隣町へと広がっている。そのたたずまいは美しく、静かな田園地帯で、にぎにぎしい観光地という様相ではない。醸し出される雰囲気がどこか静かなのは、圧倒的に中・高年の保養客が多いことと無縁ではない気がした。

クナイプ療法という言葉は、一九九〇年ごろに日本にも入ってきている。当時は温泉療法という伝わり方だったと聞く。実際、クナイプ療法の核となる治療は、温かいお湯と冷たい水を交互に使う「水療法」だ。私も日替わりでいろんなトリートメントを受けた。たとえば、ハーブ入りのお湯に手足を一〇分つけ、そのあと冷たい水に一〇秒、ふたたびお湯に五分というように。あるいは、なんの変哲もないただのホースで、お湯を肩や背中にたっぷりと注がれたあと、数秒つめたーい水が注がれるもの。基本的に、お湯をゆっくり浴びたあとに冷たい水で刺激されるわけだ。

こうした施術は、きちんとしたクナイプ医師――西洋医学を修めた医師がさらに勉強して資格をとる――の診断を受けて「処方」されるか、クナイプ療法を標榜する宿泊施設に勤めるクナイプ療法士と相談してなされる。好き勝手にお湯に何度も入る日本的温泉の感覚とは、ちょっと違う。あくまでも、医師などの治療者が処方する施術が基本にある。

その核となるのが水療法で、ほかに四つの治療がある。薬草療法、食事療法、運動療法、そして地形療法だ。この五つがさまざまにミックスされて、総合的な治療となっている。薬草、食事、運動については、あまり説明はいらないだろう。日本でも自然治癒力を高めるための自然療法に、だいたい出てくるラインナップ。ただし、最後の地形療法は、言葉を聞いただけではちょっとピンとこない。

地形療法は、自然の地形・風景を利用する。たいがいは歩くけれど、サイクリングでもジョギングでも、はたまた車イスでの散策でもかまわない。いや、じっとそこにいるだけでもいいのかもしれない。もちろん、歩くことはとても大事な治療のひとつだ。それは運動療法のひとつともいえるが、地形療法におけるウォーキングは、自然の風景と地形から得られるエッセンスそのものを大事な治療の項目としてとらえている。自然から英気をいただくというのが適切ではないかと私は思った。

運動療法・地形療法において森が大事な存在であることに着目したのが、日本で森林療法という言葉を知らしめた研究者である上原巌さん(兵庫県立大学助教授)だ。上原さんに森林療法の取材をして、私はクナイプ療法の存在を知った。上原さんによる森林療法の定義は幅広い。療法という言葉でストレートに思い浮かべる医療的な行為のみならず、心身障害者の療育、高齢者の福祉、子どもたちの教育、カウンセリング空間としての利用などを総称して森林療法と呼んでいる(上原巌『森林療法のすすめ』コモンズ、二〇〇五年)。

ちなみに、ドイツではクナイプ療法を森林療法と呼んだりはしていない。ドイツでは森との日常的なふれあいがあるせいか、ことさら森林だけを取り上げ、切り離してその機能を解明するとか、科学的データを取るということは行われていないという。上原さんも、「『森はいいんだから、それでいいじゃないか。どうしてデータが必要なんだ』とドイツでは言われて、ずいぶん日本とは違うなあと思いましたね」と述懐している。

二〇〇三年から、日本でも林野庁が音頭をとって森林療法の研究が行われ出したのだが——そこでは森林セラピーと称する——、いまのところ中心になっているのは森林の癒し効果に関する科学的データの収集だ。ドイツとはアプローチがだいぶ違う。

私は、「いいんだから、それでいいじゃないか」という森が、人びとが英気を養う癒しの森が、どういう姿をしていて、そこに入るとどんな思いや感覚をもたらすものなのか、ごく単純に知りたいと思った。でも、バード・ヴェリスホーフェンに出かけた〇四年の冬、着くやいなや私の視点は意外な方向に引き寄せられてしまった。それは、コロンブスの卵でもあった。

♪多様な癒しの森で林業

ホテルに荷物を置いて森に出かけた最初の日、歩き始めるやいなや農家のオジサンの間伐に出くわした。毛糸の帽子をチョコンとかぶり、農作業姿のごく軽い服装で、伐り倒したドイツトウヒの枝を小型の斧でカンカンと叩き払っているところに行きあったのだ。英語は通じず、私はドイツ語がわからないので、身振り手振りで「その斧で、この木を伐ったの?」と聞くと、別なところを指さした。そこに置かれていたのはチェーンソー。

ドイツの森では山仕事や林業に何度も出会った

さっそく、独和辞典を駆使して筆談が始まる。そして、自家用の薪にするための間伐だったことがわかった。さらにこの日、二時間ほどの散策の間に、ほかに三人の薪づくりに出くわした。ここでは日常的に薪づくりが行われているらしい。

〈ほー、癒しの森で山仕事ですか〉と愉快な気持ちになった。博物館や美術館のように「手を触れないでください」と、ただ見るだけの存在に森がなっていないことが、とても好ましかったからだ。「癒しの森」という面でのみとらえていた私は、そこで人びとが薪にするとか食料にするとか、何らかの暮らしとの接点をもっているとは想像しづらかった。意外な展開にうれしくなってしまったのだ。

しかし、その程度で驚き、喜ぶのは、早

すぎた。その後の一〇日間の滞在でわかったのだが、この癒しの森では日ごろ林業がなされていたのだ。初日は週末だったために本格的な作業に遭遇しなかっただけで、平日は滞在中何度も仕事現場を通りかかったし、少し森のなかを歩くと、伐採されて運び出されるまでに準備された丸太の山があちらにもこちらにもあった。

二〇メートル以上もの長いままの材もあれば、四〜五メートルぐらいの材もある。いずれも整然とそろえられ、枝の跡はなめるように切り取られて、丸太にされている。整っていて、美しい。少々やりすぎではないかと思うほど、みごとに陳列されている。私には、それらは見る人を意識してのものに思えてならなかった。この森は保養客が利用するので、散策する人、ジョギングやウォーキングをする人たちが一日中いる。仕事ぶりは、いやでも目につく。

日本で聞くだけのときのクナイプ療法の町バード・ヴェリスホーフェンは、森が豊かではあるものの、それらの森はあくまでも保養客のための治療施設のごとき存在と思い込んでいた。だから、治療にとっての森林の景観維持のため、また歩くために森林整備が行われているであろうことは十分予測していたが、ここまで林業と、人びとの営みとしての山仕事とが入り込んでいるとは思ってもいなかったのだ。そのことに驚いた。

そして、癒しの森はとても多様な姿をしていた。ただし、「多様」と言うと、なんとはなしに自然の森をイメージしがちになるけれど、その意味での多様さとはちょっと違う。

まず、ドイツの森は、ドイツトウヒが主たる人工林樹種として植えられてきた背景がある。

日本で言えばスギのような位置づけにあたる。バード・ヴェリスホーフェンの森も、印象的にはドイツトウヒが主たる樹種とすぐにわかるぐらいの量で、針葉樹の森になってはいる。であるのに、なぜ「多様」と感じるのか？　人工林のつくり方そのものが多様だからなのだが、二つの面からそうなっていた。

ひとつは、ドイツトウヒだけの単一林であっても、林齢が違う林が分散しているので、一面の同じ木ばかりというように見えにくい。そして、整然と一列に並んでいる林もあれば、雑然としている林もある。後日森林官に聞いてわかったのは、ドイツでは植林はとても少なく、木から落ちた種(実)が芽を出して育つ天然更新で再生されるので、ランダムになるという。

もうひとつの多様さは、樹種そのものと、その育ち方による。針葉樹のドイツトウヒだけでなく、ブナ、オーク(ナラ)、ハンノキなどの落葉広葉樹も人工的に育てられている。母樹があってその種から育つ場合と、まわりに母樹がなくて植林する場合とがあった。しかも、その生え方がさまざまなのだ。

同じ落葉広葉樹の一団でも、樹種が一種類だけどランダムに生えるもの、整然と列をつくって一種類のもの、整然と列をつくっているけれど複数の樹種のもの、はたまたドイツトウヒの木と木の間にオークが植えられているもの。これらはどれもまだ若く、最近の試みであると推測された。よくよく見れば、樹種そのものは限られているにもかかわらず、このような植え方(生え方)のバリエーションが多々あって、かつ、それらが小さい面積で変わる。だから、歩いていると森の様子がとにかく変わって見えて、飽きない。意識しなければ、単純に森の連続と思うかもしれないが。

森のなかの植物そのものの種類の豊富さで言えば、絶対に日本のほうが豊かだろう。それは、風土の違いだ。高温多雨の日本と、乾燥する大陸気候のドイツ。でも、人の手によってかようにバリエーションがもたらされることで、別な意味での多様さをここまで感じられる。

そして、これらの広葉樹がドイツトウヒ同様、将来木材として利用されると教えられたとき、あらためて感心した。日本では九〇年代に入って、一般の人が参加する植林が人気だ。なかでも、針葉樹一辺倒だった過去の反動か、広葉樹の植林が増えている。だが、木材としての利用を最終目標にもっている場合はあまりない。あくまでも「環境保全」もしくは「景観」のための植林になる。

そのことに違和感が少なからずあった。育っている間は環境を豊かにし、水源をうるおし、さらにある時期には木材として新たな命をもつ、というようにはならないのだろうか。針葉樹=林業、広葉樹=環境という分け方にも、ひっかかりがずっとある。針葉樹は四〇〜五〇年、広葉樹は一〇〇〜一五〇年以上という、収穫できるまでの期間の圧倒的な違いがあったことは確かだ。でも、という気持ちがどうしてもある。

ケチなのだろうか、私は。「一粒で二度おいしい」じゃないけれど、両方を得るようになればいいのにと思ってしまう。だから、ドイツの広葉樹の人工林が、ことごとく将来的には木材の利用という目的が明確であることに、とても惹かれた。それはまさに、私がずっと思い描いていた夢物語——木材を収穫し続け、それでいて生きものも植物も豊かであり、かつ、そのなかにいることが幸せな気持ちになれる森づくり——の姿に近いと感じるのだ。

もちろん、そこの森のすべてがというわけではない。自然保護区の森は森だけの時間を刻むようになっていて、枯れても倒れても人は手を出さない。そういう部分は確実に点在させて自然度を高め、その他の森は最終的には木材として利用し、かつ、育っている過程では人びとに癒しの空間を提供するという、幾層もの段階が共存している。そこに、豊かさと多様さを強烈に感じた。

ちなみに、森にくまなく手が行き届いていてすべてが美しいわけではない。日本でよく目にするような放置林が、やはりある。混みすぎて手入れのされていない、真っ暗なドイツトウヒの林だ。最初に何カ所かそのような林を通ったときは、〈あれれ、けっこうドイツも森に無関心だったりするのね〉と思ったほどだ。でも、どちらが多いかとなれば、放置されたような暗い混んだ林は少数派。日本とは、比率的には反対の印象だった。その程度だと、〈それもまたひとつのバリエーションね〉ぐらいの気持ちで見える。

いずれにしても、さまざまな状態で構成されている森が、保養地としての森としても大きな魅力や強味になっていて、かつ、それは林業的にもプラスであることが、わかった。

♪ときを刻む森

主たる樹種がドイツトウヒであり、それはすぐにわかると書いたけれど、広葉樹と混交化させていくのがドイツ林業では明確な方針となっていた。世界中が直面している環境問題もさることながら、ドイツでは八〇年代に続けて起きたハリケーンによる針葉樹単一林の被害が大きいという。

「ひとつの樹種だと被害に弱いので、もっとミックス(混交)させることがそのとき以来、課題になった」とバイエルン州の森林官は言った。その「ミックス」のさせ方にいろんなバリエーションがもたせられていることは歩いているだけでも気づいたが、話を聞くまでは日本と同じく環境保全のための広葉樹の増加だとばかり思っていた。もちろん、それもある。でも、最終的には木材にするというのをこのとき森林官から聞いたのだ。

「日本でも、広葉樹を増やすことを奨励するようになってきたけれど、それは林業とは分けて考えられている。広葉樹は一五〇年以上の生育期間が必要と言われているから、林業家はそれではやっていけないと言っている」

私がそう話すと、ドイツでも似たようなことは多い、という。回転が速いほうが好まれるのは、ドイツも同じらしい。

「ドイツでも個人の農家がもっている所有面積は大きくなく、また、そういう人たちは広葉樹に変えていくことは喜ばない。だから、ホラあそこも、あっちにも」

車内から指をさすのは、森を歩いていてところどころでぶつかるドイツトウヒだけの林だ。

「われわれとしては、単一の林よりもミックスにすることの利点を説明して、奨励してはいる。でも、それを決めてやるのは所有者なので、全部がミックスにはなっていない」

広葉樹が育っているところは、所有主が市町村か州である場合が多いのだった。

「ブナで一二〇年から一五〇年、オークは一五〇年から二〇〇年ぐらい育てるので、いやがる農家も多いけれど、材の値段はドイツトウヒよりいいから、それを強調して薦めている。それと、いまハンノキに期待してる。ハンノキは八〇年ぐらいで、いい材になるんだ」

「ドイツトウヒはどのぐらいで収穫ですか？」

「一〇〇年から一二〇年だね」

ああ、ここもそうなのだ。

「ここも」というのは、スウェーデンと比較しての納得だった。スウェーデンでさまざまうらやましく感じたなかでも、林業のサイクルとして一〇〇年から一二〇年というベースがあることを痛感していた。そういう長いサイクルだから、林業でありながら生態系の豊かな、なかに入って気持ちの良い、あるいは厳かな気持ちになる森ができている。そう痛感したのだ。ドイツでも、それは同じだった。

林業のサイクルが一〇〇年から一二〇年。主要樹種のドイツトウヒでさえそのサイクルで育てて伐るのならば、仮にブナが一二〇年から一五〇年というサイクルだとしても、「まあ、とんとん。あるいは三〇年ガマンするか」という手の届く期間延長ではなかろうか。ハンノキにいたっては、ドイツトウヒよりも早く収穫できることが売りになる。

日本はどうだろう。戦後の人工林サイクルはスギで四〇年、ヒノキで五〇年。それでいくと、いまちょうど収穫期に入ってきたものの、材価の低迷が続き、伐られることが少ない。そして、国の方針が変わり、長伐期ということで八〇～一〇〇年を目標に据えるようになった。そういうサイクルに移行するのにも、四〇年以上がまだかかる。さらに、広葉樹となると、一二〇年から一五〇年ということで、単純にいっても、三倍からへたすれば四倍の期間延長になる感覚をもつ。ほとんどの林業家が「広葉樹じゃメシが食えん」というのは、それだけを取り出せば当然の言い分だ。

でも、長期のサイクルを一度つくってしまえば、「メシが食えん」状態は解消されるだろう。つまり、腰をすえてそのサイクルづくりができれば、長伐期林業は森の姿を豊かにするだけでなく、経営的にも良いと、いろんなところで指摘されている。持続可能な森林経営はまずもって長伐期への移行なしにはできない、と言っても過言ではない。

「そのためには、ニュージーランドなど少数の地域を除いて長伐期になるのが一般的です。長伐期は、現代林業では世界の常識なんですよ。特別なことじゃない。というか、そうじゃなければ林業は成立しないですね」

富士通総研経済研究所主任研究員の梶山恵司《ひさし》さんは、しごくあっさりとそう言った。梶山さんは、日本の林業再生のシナリオづくりを研究の一つとしてやっているが、いわゆる森林の研究者ではなく、金融機関の勤務経験をもつ経済研究者だ。民間シンクタンクでそうした研究者が林業を俎上に載せているのは珍しい。「ドイツとの比較分析による日本林業・木材産業再生論」（富士通総研研究レポート、二〇〇五年）という題名のレポートがある。日本の林業が成立してこなかった理由と、どうすれば成立可能かが、具体的に述べられていて、目からウロコだった。

梶山さんは、ドイツの森林面積は一〇〇〇万ヘクタールと日本の人工林面積とほぼ同じで、山間部やバイエルン州では小規模所有形態が多いという日本との共通点がありながら、大きく違う点として、その生産力をあげる。日本の三倍もの木材が安定的に供給され、加工・利用する木材関連産業の売り上げが八八〇億ユーロ（一兆二〇〇〇億円）にもなり、対ＧＤＰ比五％近くに達する産業になっていると指摘するのだ。

どうしてドイツでは林業が成立して、日本では成立しないのか？　最大の違いは、短伐期・皆伐方式の日本と、長伐期・非皆伐方式のドイツの、森づくりの差にあるという。日本の短伐期・皆伐方式は、人件費が安かった戦後まもなく考え出されたものであり、当時は理にかなっていたかもしれない。だが、その後大きく変貌した社会と産業構造のなかで時代遅れになり、代わるモデルが出てこなかったことが悲劇だと述べる。

皆伐すれば、植林と育林とあわせて多額の経費がかかる。四〇～五〇年の段階で伐採してしまうと、また一から始めなければならない。五〇年生林業を一〇〇年の単位で見れば二度の植林と育林作業が必要になるけれど、一〇〇年生林業ならば単純に一度ですむ。かかる経費は半分になり、材の値段は上がる。大径材は製材で使いまわしがきくし、材が太ければ狂いのない芯材部分も太いため質が安定するからだ。

日本林業経営者協会が〇四年に出した政策提言の柱も長伐期化だ。四〇年生までは育成に手がかかるが、その後は人手を離れて自然が育ててくれるままに委ねられるし、八〇年生ともなれば良質の材ができると説明している。せっかく四〇年間コストや人手をかけ、あとの四〇年は一〇年に一度ずつ収入を得ながら択伐していけばよくなる——ただし、道がなければダメ——のに、その時点で伐採してふたたび植林から始めるのでは、経済的にも労働的にも休む間がない。

説明されれば、ことごとく長伐期がいいことは自明のように感じられるので、逆になぜ短伐期・皆伐でし続けてきたのかと思う。たしかに、梶山さんが指摘する建築用材としての資源不足の強い危機感と安い人件費という戦後の一時的な時代背景は「始まり」としてはうなづける。でも、それは比較的早くに崩れていった。一方、崩れ方への対応はむちゃくちゃ遅かった。梶山さんは、それが現在の日本林業ののっぴきならなさにあると分析し、どう現代林業のシステムづくりをするかを研究しているのだ。

♪健全な林業が環境を守る

「はっきりさせておきたいのは、林業か環境かという前提がそもそもおかしいことです。環境は、林業がきちんと健全になされないかぎり機能を発揮しない。それはもう明確です。いま日本では、環境、環境と、林業抜きに森林の環境への貢献度をどう高めるか、あたかも高められるかのような話になっていること自体がおかしい。つまり、森林の環境貢献度を高めたいというニーズが強ければ強いほど、林業をどう立て直すかをきちっとやっていかなければならないわけです」(梶山さん)

スウェーデン、ドイツと短期間でも集中して森に出かける旅をした後なので深くうなづける一方、それを日本で正面切って言うのが私自身に抵抗があるのも事実だった。

「それは、戦後のあの一時的な林業のやり方——短伐期・皆伐・単一林——では林業が環境の基盤になるとは言えないからですね。もちろん経済的にも負担が大きく、環境的にも良くないのは明らかです。なんていうか、あれは林業というより畑、工場に近いですから。

長伐期は、現代林業にとって環境的・経済的・持続可能性として国際的に当然のものとすでになっているんですが、日本ではなかなかそこに転換せず、外材が入ったから価格が下がってやれない、山が急峻だから外国と条件が違う、などと言い訳の連続でした。山の斜面も傾斜が三〇度ぐらいならば道はつくれるし、道がつくれないようなところでは基本的に林業はやっちゃいけないですよ。ただ、架線を張って集材をして採算がとれるようなところがあるのもたしかです。そういう整理もせず、ごちゃごちゃのままに、山国で道がつくれないから機械化が進まない、などとできない理由にしては……」

しかし、一般に言われているのは次のような流れだ。日本の林業が成り立たないのは、安い外材が入っていて、価格競争で太刀打ちできないから。それは風土的・地形的にいかんともしがたい条件から起きている。そして、売れないから手入れという投資ができず、ジリ貧になっている。環境にさまざま貢献する森林は公的に援助して「みんなで(つまりみんなの税金で)守ることが大事だ……。

「とんでもないですね。先進地でも、材木の値段が高くて山林所有者が儲けられているのではありません。国際競争で材の価格が下がっているなかで、合理化・効率化・機械化などさまざまな努力をして、現代林業をつくっていったんです。例をあげれば、ドイツトウヒの材価はスギよりも三割ぐらい安いんですよ。でも、きちんと利益を出している。ヨーロッパなど先進林業地での環境(保全)と林業という話は、そもそも健全な現代林業がなされていて、そのうえで、さらに環境面(への貢献)をより引き出そうという流れです。ところが、日本は現代林業が成立していません。そして、林業がダメだから環境とすりかわっていることが大きな間違いです。だいたい、環境のためだけに膨大な日本の森林を維持するのは不可能です。

環境税ができて森林に使われるようになったら、日本の森林は確実にダメになりますね。ようやく危機意識が出てきて何とか自助努力を始めたところがあるなかで、そこに環境のためだなんだと公的資金が投入されれば、ふたたび思考停止になって、無策で仕事をするという、何も将来につながらない状態を加速させてしまう。それは避けなければ」

つまり、間伐が必要だから、それに必要なお金を公的に出す、それは環境のためになるという流れでは、技術、知識、経営感覚が養われることなく過ごしていたこれまでと何ら変わるものではないという。「将来に少しも役に立たないですよ。投資にならない。もうそんなことしてちゃいけない」と厳しい。

公的資金の投入をどう考えるかは、むずかしい。現状では、まったく補助金はいらないというわけにはいかないと思うが、梶山さんが言うように、それによって思考停止になってしまう側面もまた大きいからだ。要は「使い方」であって、出す・出さないという二者択一ではないだろう。ここでもまた、使い道が精査されるべきである。

私は、バード・ヴェリスホーフェンを訪れたときの森の様相とそこを歩く楽しさ、その森で林業が行われていて驚いたこと、林業という産業と癒しの機能とが相反するのではなく共存できると強く感じたことを話した。

「長伐期はもちろん林業の経済性としても必要ですが、バリエーションをもたせられるんですよね。林のつくり方にいろいろなバリエーションができるし、工夫の余地がいろいろある。でも、短伐期・皆伐・単一林というやり方では、そうした余地はまったくないんですよ。木は細く、植えた樹種以外の植物はあまりない。森が豊かな状態になるのは、四〇〜五〇年では無理だからです。それでは、歩いて楽しい、入りたくなる森にならないことは明らかです。ドイツでは子どもを連れてよく森に行きましたが、本当に森が身近でした」

梶山さんはドイツ滞在歴が九年ある。もっとも、そのときは林業研究を、それもドイツと比較してすることになるとは、夢にも思わなかったそうだ。

「日本に帰って成田から見るスギ林の貧相で暗かったこと。ああいう森に入りたがらないのは、当然ですよね。やはり、一〇〇年生ぐらいの太い木のある森でなければ、入ろうとは思わないでしょう。日本では、これからの五〇年でどうやってそのような森と林業にしていくかが大事なんですよ」

♪現代林業に変換させる手立て

では、環境にもより良く、歩いて心癒され、楽しむことができ、林業がきちんと成り立つためには、どうしたらいいのか？

道・機械化・木材マーケティング。この三つがそろうことが必須である、と梶山さんは言う。現代林業は機械を駆使して効率的にやらなければならないので、そのためには道づくりは絶対に必要な条件となる。ちなみに、ドイツの林内路網（林一ヘクタールあたり、どれぐらいの合算距離で道が入っているか）は一二〇メートル平均で、日本はその一〇分の一だという。オーストリアは日本と同様に山間地でありながら、トラック通行可能な道が一ヘクタールあたり四五メートル入っているそうだ。つまり、「日本は特殊で、道ができない」は明らかに言い訳である、と。

「ただし、そこにはきちんと技術と知識が必要です。やみくもに開設するなんていうことじゃありません」

一方、道と機械化で効率的な木材生産ができるようにしたならば、いかに木材を販売するか需要を探り、それにあわせた安定供給などさまざまな取り組みが必要になる。それがマーケティングの部分だ。

「これらを行うためには規模が必要なんです。まとまりです。道をつくるには、ここはダメ、あそこは大丈夫というような林の点在ではダメなんです。それがまた（日本で現代林業に移行）できない理由にされていました。日本は個々の所有者が小さく、数が多く、それをとりまとめられない、と。それもまた、努力をしない言い訳ですが」

もともと個々の森林所有者の性格がドイツと日本では大きく異なる、と梶山さんは言う。ドイツは積極的に林業経営をしている農家林家が多いのに対して、日本は林業に生計を依存している所有者はごく少ない。つまり、経営意欲そのものがないと見たほうがいい。ドイツでは個々の所有者が経営的感覚をもって自分の森林にかかわるので、それを対象にした共同組織ができているが、日本は違う。

「よく、日本の小規模所有者が森林に対して無関心だと非難する発言がありますが、それはおカド違いというものです。当然でしょう、経営として山を持っているわけではないのですから。そのような所有者に適切なコンサルティングをし、木材が多少とも販売できて利益があるようにしてはじめて、所有者は森林に関心をもち、意欲をもつわけです。このとりまとめができるところが、林業が成立する決定的な機能をもちます」

それが、森林組合だ。

「森林組合は、しばしば言われているように機能していない。でも、危機意識をもって考え始めて、試行錯誤し出しているところはあります。現代林業を確立するうえで必要な道づくりのためにはたくさんの所有者のとりまとめが必要で、それは所有者の情報に強い森林組合を抜きにはできないと私は分析しました。いろいろあっても、森林組合の改革なしに日本の現代林業への転換はない、と。でも、組合が組合員の山の管理をせずに公共事業で稼ぐという形態が圧倒的になっているいまのままではダメです。まずは本来業務である民有林の整備、そのための所有者に対するコンサルティング業務をするなどの努力が必要なわけですが、残念ながら彼らに突然それをやれというのは無理。大事なのは、森林組合にすべて自助努力でやらせることではなく、森林組合のサポートシステムをつくることなんです」

森林組合の改革については、業界内では以前からあちこちで指摘され、その必要性が強調されながら、なかなか進んでいない。梶山さんがユニークなのは、それをこれまでどおりの内部での自己変革を待ってもムリな相談であると考えて、森林組合を包み込むサポートシステムづくりをモデルとしてやってみることにした点だ。

「道づくりにしてもそうですが、コンサルティングだとかマーケティングだとかを森林組合に急にやれと言っても、そもそもまったくしてきていないことなわけですから、無茶な話です。それらができる専門家がサポートして、それもどこかに集めて研修するのではなく、実際に彼らの現場に即してやりながら身につけていくようなサポートをして、成功事例をつくっていくことが大事でしょう」

梶山さんは、〇四年から実際にパイロットプロジェクト（富士森林再生プロジェクト）に取り組んでいる。静岡県の富士森林組合（静岡県富士宮市、組合員約八七〇人、平均所有面積〇・三ヘクタール、総面積約五〇〇〇ヘクタール）で、組合員の取りまとめのコンサルティングや道づくりなどを官・民・学が連携してサポートしながら、間伐事業を行ってきた。第一実験地、第二実験地と、コマを進めてきている。

「手ごたえはいいです。いま、彼らはとても張り切ってやっていますよ。よく、林業には人材がいないと言いますが、そうではないんじゃないかと思いますね。彼らのやる気を引き出し、発揮させる〈仕組み〉ができていなかったのかもしれない。まだ試行錯誤ですが、やる気があるけどどうしていいかわからない森林組合がこういうサポートを受けるケースが増えていけば、ある段階で日本の林業がガラッと変わる可能性はあると思いますよ」

所有林地を取りまとめて規模を大きくすることは、長らく林野庁が唱えてきた大型化・集約化と一致する。機械化もずいぶん前から導入されているけれど、充分に活かされているとは言えない。梶山さんの話にあるように、これらの機械を駆使するには、道が不可欠だからだ。一見同じ内容を語っているように見える国の方針と梶山さんの理論の違いは、どこにあるのだろうか。

「結果的には、必要なことはそれに尽きるんですよ。ただ、林野庁はこれらをお金で何とかしようとしてきた。補助金です。とりまとめるソフトは欠けていた。さらに、ソフトをやるべき(森林)組合はそんなめんどうをしなくても、公共事業をやっていればすんでいた。そこを止めずに補助金をどんなに出しても、結局は機能しないんです。そういう正確な分析ができていない。その違いですね」

♪木材を使い尽くすにもまとまりが必要

現代林業の成立なくして日本林業に再生はないという梶山さんの論に対して、ドイツやオーストリアの林業に詳しく、低質材や木くず類の利用を通じて木材の「カスケード利用」(木一本を無駄なく利用し、余すところなく使い切ること)の重要性を説く熊崎実・岐阜県立森林文化アカデミー学長は、次のように解説している。

「過去四〇年間の木材生産の動向を見ると、OECD主要国のなかで日本ほど木材生産を縮小させた国はどこにもないんです。(日本は)森林一ヘクタールあたりの木材生産量は(四〇年前と比較して)四分の一に縮小してしまいました。最近の統計で比較しても、欧米諸国の三分の一から六分の一にしかならないのです」

どうして日本だけがこのようなことになったのか？　その理由は木材の生産費が国際的に見て高すぎることに加えて、カスケード利用が徹底されてこなかったことをあげる。日本の木材は、刺身で言えばトロの部分だけを取って残りは捨てている、などと言われてきた。柱なら柱だけに使って、残りの材を有効利用するシステムを築けていないのである。

経済性から言っても、資源の有効活用という面から言っても、理想的なこのカスケード利用には、多種の業態の共存が必要だ。

「スギの間伐材で集成材や合板をつくる試みが始まっています。製材端材や小丸太からは、パルプ用・ボード用のチップが取れるだろうし、海外でのペレット生産はおが屑がおもな原料です。間伐材の多くは山で放置されているし、枝葉なども残されています。こうした他に使い道のない木くずで熱や電気のエネルギーを生産し、木材の乾燥や加工に向ければ、木質の廃棄

物はゼロになります」(熊崎さん)

こうした一本丸ごと使い切り作戦は、それらを利用する業種がそれぞれ存在しなければ不可能である。

欧米では大きな林業会社が木材生産のみをやっていることはなく、まさに総合企業の形をとっている。素材を使い尽くすための部門を完備しているのだ。また、地域には小さいながらもさまざまな業態が共存している。日本は、林業を主とする大型の総合企業もないに等しければ、地域性に根ざした林産業も大きく縮小してしまった。

北欧などの林産業が盛んな国では多種の業態の共存が徹底化されて、生産性の向上と残廃材のエネルギー利用が大いに進んだ。それは、林業の近代化(梶山さん言うところの現代林業)によって実現し、日本では進まなかったのは梶山さんの指摘どおりである、と熊崎さんは言う。

「ただ、大型化・集約化が進む一方で、ヨーロッパでは家族労働を軸にした中小規模の森林経営も予想外に健闘しています。大規模林業はどちらかというと大市場ないしは海外志向で、これだけでは地域の多様な木材需要は満たせない。小規模工場が存立しうるニッチがここにあります」

中小規模の経営は地域に根ざし、大規模経営は海外向けという流れが二つ脈々と、ときに対立しながらも共存している強さを、熊崎さんは指摘する。

「日本の林業を活性化するには、国際化への対応と地域化への対応の両方が要求されているのです」

そして、大型化して国際化をめざす林産業だけが、生産費を削減し、カスケード利用されればいいのかと言えば、それは違うようだ。

「むかしながらのやり方を踏襲すれば地域化の流れになるかといえば、決してそうではありません。たとえコストよりも主観的な満足度で勝負するにしても、あるいは機械化に限界があるとしても、その枠内で可能なかぎり生産性を引き上げ、木質マテリアルのカスケード利用を徹底させなければ、生き残れないでしょう」

つまり、ひたすら合理化して大型化・集約化だけをめざす方向は日本の林業から言って限界があるものの、「小規模だから、地域のビジネスだから」というこれまでと同じ考えでは無理であるというわけだ。近代化(梶山さんの言う現代林業)はやはり日本の林業再生に向けて避けて通れない、ということだった。

♪森林組合の本分

現代林業成立の鍵を握るのが森林組合だ、と梶山さんは狙いを定めた。

さまざまな課題がありながらも、森林の環境面の機能を向上させながら維持するには、日本の林業が産業として成り立つことが不可欠という梶山さんの論は、私を強くうなづかせた。環境面を機能させるにも、まず林業の整備という順番は避けて通れないと痛感する。そして、そのためにすべきことの柱の一つを森林組合が担うのは、やはりもっとも理にかなっている。梶山さん言うところの、地縁の濃い地域でまとまりをつくるためにも、また、熊崎さん言うところの、一本の丸太を余すところなく利用するために多種の業態が共存していくためにも、これから森林組合に期待されるものはとても大きい。

しかし、組合員の所有森林の維持管理を本来一番の使命としているハズなのに、その「本業」を中心の仕事にしている森林組合はきわめて少ないのも現実だった。組合員の山での仕事ではなく、さまざまな公共事業をして稼いでいる。

雇用の場が多くない農山村では、森林組合が貴重な就職先でもあるために、やむをえない側面はあっただろう。でも、落ち着いて考えてみたい。組織の維持や個々人の稼ぎを何とかすることに汲々とするうちに、もっとも大事な資産であるはずの地域の、組合員の森林が荒廃してしまっては、元も子もないのではないか。いつなくなるかわからない公共事業を追い求めるよりも、地域の山で稼ぎを続けられるようにしていくほうが、最終的には安泰ではないか。

ここで方向を変えて、本筋に戻るように努力しなければ、それこそ組合の存続が困難になる。そして、さまざまな期待が寄せられているのだ、いまは。大きな追い風が吹いているのである。

ただし、その期待が大きくなるなかで、現状とのギャップもまた大きいというジレンマをかかえている。その打開策として梶山さんが試みているのが、前述したように森林組合がやってこなかった仕事をサポートするシステムづくりだ。サポートする側面は、道づくりやマーケティングなどいくつかあるが、私はとりわけ所有者に対するコンサルティングに注目している。

技術的・知識的な面は、これまでも日本にはかなりの蓄積がある(もちろん、戦後の単一林に徹底してきた人工林づくりとは「異なる」流れにシフトしていくなかでは、環境や生きものとの共存という課題が大きくあるとは思う)。しかし、そういう現場で何をどうしていくのか、という側面とは趣の異なる仕事が、このコンサルティングというか、営業もしくは説得の部分だ。自然に対しての働きかけの技術や知識とは異なる「人」に対しての働きかけは、これまでの林業業界ではとくに注目されてきていないのではないかと私は思っている。人に対する働きかけも、知識と技術が実はたいへん必要になる。

そして、山に対しての経済的・心理的冷え込みが厳しい状況では、結局は「人」がその気になって動かなければ、どんなに技術や知識があっても、コトは動かない。鍵はやはり人が握っているのだ。

♪モデルとなった日吉町森林組合

実は、梶山さんによるこのコンサルティング機能のサポートが動き出したのは、モデルとなる森林組合があったからだ。それが、京都府の日吉町森林組合である。

京都府の中央部に位置する山間の町にあるこの森林組合では、九三四名の組合員が所有する森林の現況を写真入りで知らせている。どのような手入れが必要で、それにはどのぐらいの経費がかかり、どういう効果があるかを個々の組合員に積極的に提示し、手入れを組合に任せてくれるように「営業」してきたのだ。

さらに、高齢化したり不在地主になったりして森林をもて余している所有者には、希望をとって森林を第三者に向けて斡旋している。土地として開発されてしまうような売買は絶対禁止。あくまで森林としての維持管理に興味がある人に買ってもらい、きちんと森林の手入れが進む状況を積極的につくろうとしている。

○六年三月までに、掲載した一八件に対して四八名から打診があり、一三件の売買が成立した。団体職員や役員、会社経営者、サラリーマン、事業主など購入者の仕事は千差万別。取得目的も、山に興味があるので一つくらい所有してみたい、老後の楽しみとして植林や間伐がしたい、バーベキューやアスレチックをしたい、果樹園を開きたいと、これまたいろいろだ。

このように、森林組合としてはたいへん珍しい試みを行ってきている要が、湯浅勲《ゆあさいさお》参事だ。ユニークな取り組みを進めるために、湯浅さんはまず組合組織の構造改革に着手した。たとえば、事務職員と現場の作業職員とを待遇面でも同列に位置づけ、どちらも月給制にし、フラットな職場づくりを行ってきた。事務方と現場の風通しを十分に良くして、現場の判断や仕事が乖離しない体制をつくったのである。

何気なく聞き過ごしてしまいがちだが、事務方と現場との意思疎通や風通しが良い森林組合は決して多くない。「鳥を指標にして現場の状況把握ができればずいぶんと環境に配慮した施業ができるのではないか」と発言した元森林組合職員の杉山要さん（第4章参照）も、事務方と現場との意思疎通の悪さがそれを阻むことを指摘している。現場の作業員をただの日雇いといようように扱うところも依然として多いのだ。

組合員の山のきめ細かいコンサルティングをするにも、さらに所有者を説得して道の開設をするにも、事務方と現場が一体となってコトにあたらなければ十分に機能しない。そのために、まずは従来の組織変革から始めているのだった。フラットな風通しのいい組織づくりは、湯浅さんが森林組合に入ったときからもち続けてきたプランで、変革ができる時期が来るのを静かに待っていた。それは世代交代がきっかけで始められる。

そういう基盤整備のうえで、個々の所有者の森林状況の写真を撮って手入れの説得・営業をしていく仕事を始めた。当時はダム関連事業が大きな仕事だったが、それには当然終わりが来る。そして、森林組合の将来を考えると、公共事業にいつまでも頼るのではなく、地域内での仕事の創出が必要だと考えてのことだったという。

「目先の収支のために作業班の賃金を削ったり、公共事業に偏った事業展開をするのではなく、森林組合本来の仕事に立ち戻らなければならないと思いました。森林組合は森林所有者の団体なのですが、その組合員の山を整備して価値を高めながら、環境と林業の折り合いをつけ、人材育成も行うというスタイルでなければいけません。うちでは、これまでの改革のおかげで、事務方も現場も同等にこれらの話ができるし、一人ひとりが経営感覚というか、何をどうすることが将来につながり、稼ぎにもなり、環境にも負荷をかけないか、という視点をもつようになっていると思います」(湯浅さん)

♪好評だったコンサルティング事業

日吉町森林組合にとっても大きな仕事だった公共事業から離れてみると、本来なすべきことが何であるかがしっかり見えてきた。たとえば、各地で増えている不在村山林所有者。地元を離れてしまっているので所有森林はほとんど放置状態だし、森林に関する意識も低いと一般的には言われている。ところが、実際に「お宅の山の現状がこうで、こうしたほうがいい」という手紙を送ったり連絡をすると、大半の不在村所有者の反応はとてもよかったという。

「みんな、気にはなっているんだと思います。でも、現実的に何をどうしていいかはほとんどの人がわからなくなっている。だから、こちらから適切なアドバイスをしてあげれば、そういう方たちはこちらをたいへん信用して、任せてくれます。やってみるまでわかりませんでしたが」(湯浅さん)

不安ながらも進めたコンサルティング事業がこうして好反応を得て、その結果、道を広い範囲にわたって開設できた。湯浅さんの改革のポイントのひとつも、やはり道の広範囲な開設である。手入れをするにも、またどこからでも材を搬出できるようにするためにも、むやみに環境を破壊しない妥当な道づくりは、日吉町森林組合の核だった。傍目《はため》からは一つながりの山も、扱いは個々の所有者によって規定されてしまう。そういう分断された状態をまとめることができて、道がつくと、確実に二回目からの間伐で収益が出せる見通しが立つようになり、これはいける、と自信をつけていく。

また、日吉町森林組合では現状の人工林を持続可能な管理にもっていくために、一部を「群状更新」する方針で進めている。これは、林業としての経済性や効率性を維持しつつ、生態系への損傷をできるだけ減らすために、小面積の皆伐後に植林する方法だ。その継続によって、さまざまな年齢層のパッチ状の林をつくり、単一樹種、林齢のモノカルチャーの弊害を避ける。森林総合研究所の鈴木和次郎さんらが推奨していた小面積皆伐の更新(第5章参照)と同じような意味あいだろう。

「材としての価値が高い長伐期八〇年生サイクルの林業に将来的にしていくとき、これまでの単一林のつくり方では八〇年に一度しか収入がなくなってしまい、どうにもなりません。群状更新ならば、何段階にも八〇年生の林がある状態にできますから、収入を分けて得られます。また、いまの林齢は四〇年生前後に集中していて、若い林は急減しています。このアンバランスの解消も大きなポイントで、八〇年生がコンスタントに生産できるように移行する必要がある。その移行のやり方としても小面積でパッチ状にしていくのがいいだろう、とドイツ林業に詳しい人から教わって考えました」(湯浅さん)

異なる林齢、林分を小面積でパッチ状になるように配分するやり方は、速水さんも実践していた(第4章参照)。それぞれに細かい差異はあるのかもしれないが、長伐期・生態系配慮・経済性の三点セットを盛り込む手法がほぼ同じ内容に落ち着いていくのはたいへん興味深い。

現在はこの流れにもっていく前の段階で、組合員の森林すべての間伐を終えることがポイントであるという。補助金の対象になる三五年生までの間伐はすでに終えている日吉町でも、それ以上の林齢で放置されていた森林は事態が深刻で、手もかかる厳しい状態である。

間伐が徹底的に遅れてしまった林は、木が育つ見込みがない。決め手は枝葉の残り具合になる。木は葉に受けた光によって太くなるので、葉を枯れあがらせてしまった木は成長するための器官を失っていることを意味するからだ。すでに三〇年、四〇年と放置されている林が多くあるなかで、この問題は非常に深刻だと湯浅さんは言う。待ったなしなのだ。

♪手ごたえを感じた富士森林組合

日吉町森林組合という先行事例のお陰で、梶山さんのパイロットプロジェクトは始められた。そして、湯浅さんが研修に赴くか、日吉町に受け入れるか、いずれにしても実践モデルとしてさまざまなノウハウを伝える役割を担っている。これまで行政によって保護されてきた側面が大きい森林組合に対して、「自分で考えなさい」と急に突き放すのでは、単なる機能不全に陥らせるだけだ。その機能不全をサポートする体制をつくることで円滑に機能させようというわけである。これが功を奏するならば、日本の森林は大きく変わると期待できる。

森林経営を意図していない、もしくは希望としてはあっても自らはやれない圧倒的多くの森林所有者にとって、どんなに国の方針や世論の動きが「環境に即した林業」や「生態系豊かな森林」になっても、具体的な森林の変化に至りにくいのは、彼らの森林へのアプローチに道筋がついていないからだ。本当に豊かで、ときを刻む森を望むならば、森林組合への働きかけは避けて通れない。

では、プロジェクトの実行主体となった富士森林組合はどう受けとめたのだろうか。担当の大竹正博業務課長に聞いた。

梶山さんからこのプロジェクトの内容を話されたときは、「何を言っているのかよくわかりませんでした（苦笑）」と大竹さんは率直に言う。

「何しろ自分たちは地域の山しか知りませんから、井の中の蛙という感じですよ。それが、急に世界相手の話になってしまうし、まったくド素人といっては失礼だけども、まあそういう方だし、いったい何を言っているのだろうとね」

3列残して1列を間伐するやり方(写真提供：静岡県環境森林部)

大竹さんは、「突拍子もない、林業の苦境を知らない人の理屈」と思ったものの、業務命令としてやらざるをえなかった。だが、所有者に対する取りまとめのモデルであり、研修の受け入れ先となる日吉町森林組合に出かけて、「これならできるかも」と本腰が入る。

「本当に百聞は一見に如かずというか。実際にまとまって道がつけられて間伐がされている山を見たし、自分たちも同じような機械は持っていたので、これならやれないことはないいんじゃないかと。話だけだったら、納得はとてもできなかったですね。それでも、所有者のとりまとめは最初不安でした。どうしても所有者負担が生じてしまうので……」と大竹さん。

とはいえ、やるしかない。第一実験地の

森林所有者は一〇人だったが、話を聞きに来てくれない所有者が何人もいて、二度三度と足を運んで説得した。結局、五人が受け入れ、八・二五ヘクタールをひとまとまりとして道をつける。そして、三列残して四列目を機械的に伐採する列状間伐を実施した。

プロジェクトへの参加の分かれ目は「負担金の大きさ」だったと分析されている。五万円未満の人は参加したが、それを超える人は参加しなかったからだ。それでも、第一号の手ごたえはさまざまにあったという。

「これまで個人の山をやることはあっても、点だった。所有者がまとまることで道があけられる(つくられる)メリットがわかりました。これならば、次のときにはカネがかからずに仕事ができると思いましたね。材はたしかに安いですが、出せばとにかく売れるわけですから。集団化の良さがはじめてわかった。これまでは、道をつけることが先行投資ですよと言い切れなかったんですが、自分でもそう思えたし。それに、所有者の人たちが終わった山を見て『これはいい、次も頼む』と言ってくれたのはうれしかったです」

やる側に、この納得と手ごたえが起きるかどうかはとても重要な鍵だ。いまでは、プロジェクトは第二実験地へ進んでいる。

大竹さんと話していて感じたのは、梶山さんの「サポートシステム」が理にかなっていることだ。大竹さんは何度か「自分たちは丸太屋ですから」と口にしていたのだが、七五年に富士森林組合に就職して以来、一貫して「いかにいい木材をつくるか」だけを仕事としてきたという。いい木材をつくれば、それが山にもいいのだと、教えられてきたのだ。

でも、その「いい山」の定義がここにきて大きく変わった。富士森林組合では、かつては、優良小径木と呼ばれる細くてまっすぐな材をつくることが奨励され、そういう木が多い混んだ林に仕立てると下草が生えない点もいいとされていた。ところが、いまでは長期間育てて大径木にして、下には多様な植物があることがいいとされる。作業をする森林組合にも所有者にも、それは正反対のやり方に映っている。

「所有者の方たちの多くはまだ、そういう山(細くてまっすぐで、たくさんの木が生えていると同時に、下草がない)がいい山だと思っている。だから、間伐すると『こんなに伐って』と不満を言われたり、下草が生えることを嫌うんです。ハッキリ言って都会の人が考えている(いい)山とは違うんですよ。でも、こういうふうに間伐して、下草が生えている状態が山にも環境にもいいんだということが本当に言えるならば、自分らもいい。ただ、まだそれを自分らはうまく説明できなかったから、今回、渡邊先生(元東京大学教授渡邊定元氏、このプロジェクトの学術研究者としてのサポーター)や(静岡)県行政が、こういう山がどういいかを説明してくれたことも助かりました」

実施主体の大竹さんたちに理論的・技術的に納得と確信がなければ、所有者の説得はむずかしい。このプロジェクトでは、コンサルティング、道づくり、取りまとめ、列状間伐などの各パートにサポーターがいる。それで、実地研修的に仕事をしながら、自らが「ああ、これならできるんだ、いいんだ」と実感して、それが次につながる。このやり方で良い循環が動き始めているようだった。

所有者のとりまとめと道づくりの実地研修後、将来的な販売としての木材マーケティングについて徐々に勉強が始まっている。これらは梶山さんの指摘どおり、いままで大竹さんたちの業務には入っていない。

「個人の山をやることはもちろんあったんです。でも、組合もなにしろ稼がなきゃなりません。そうすると、いまの材価では所有者に働きかけることはなかなか……」(大竹さん)

今回それでも動いたのは、現実的には公共事業の減少が最大のきっかけだった。公共事業で食べてきた森林組合が切実な危機感をもち出したなかで、このプロジェクトに出会う。それでも、ふだんの職務からかけ離れた仕事が必要になる梶山さんの理論に面くらい、「話にならない」と正直思っていたが、実際に先行して成功している日吉町森林組合の話と実践を目の当たりにしてスイッチが入る。そして、実際にやってみて、現状の手詰まりを解消する方法になると実感したのだ。

♪決め手は連携

第一実験地の帰り道、「ちょっとここも見てください」と寄って見せられた林がある。数年前に優勢間伐と呼ばれる、いい木を伐っていく間伐をしたところで、たしかに周囲と比べて混み具合が少なく、下草も生えている。私からは、少なくとも混みすぎているまわりの林と比べて、木にも環境にもいい状態に見える。残った木が当時格落ちだったとしても、光が入って育つ可能性が出てきていることに期待するからだが、大竹さんはこの山が「いい山なのかわからない」と言う。

「そのときにいい木を伐っていますから、次にもし間伐するときにはいい木がないんですね。安くなってしまう。一方で、トータルすると同じなのかなと思ったりもするんです。まとめていい木を売るか、(プロジェクトのように)散発的に売るかの違いなのかとも思うし。山の一生から言ったら同じなのかも……。それと、こうして下草が生えているのが環境にいいのかとなると、自分にはわからないんです。とにかく、これまでと違っていて」

いかに混ませて、下草を生やさないようにするかを考え、枝を打って無節のいい材をつくるかを考えてきたのが、「丸太屋としての」大竹さんのやり方だった。そこから急に、「下層植生があるほうが環境にいい」「間伐して大径木がいい」「生態系の豊かさが必要」と変化した流れにとまどっている様子がよく伝わってきた。

「何をもってして環境にいいと言うのかが、本当のところよくわからない。光が入って、草が生えてきて、それでいいということならば、それでやっていきたいんですが……」

これまで森林組合にとって、個人所有者の山の管理が大きな仕事とはなっていなかったなかで、このプロジェクトによって個人山主をとりまとめる意味と意義、何よりもその効果は、大竹さんもよくよく実感している。それでも、「環境にいいという林業のやり方」はいまもって不確か、漠然としていると思い続けているのだ。たとえば下層植生を生やすか生やさないかということひとつをとっても、むかしの是がいまは非になった。もはや、それを鵜呑みにするだけではいけないこともわかっている。だから、よけいにとまどっている。あのときいいとされたことが、いまダメになって、いまいいとされることも、いずれまたダメになるのかと。

実際、そういう話は枚挙にいとまがない。突拍子もないかもしれないが、私が生まれたころは母乳よりもミルクがいいと強く推奨されていた。しかし、時代が変わって価値観が変わり、母乳絶賛になっているではないか。それと同じように、森林に対する価値観が時代の変化で大きく揺れてきたのは事実だ。それでも、梶山さんは言う。

「日本だけなんですよ、こんなふうに揺れているのは。欧米では変わっていない。明らかに森林は林業経営を大前提にしている。そのうえで、環境にどう配慮していくか、より環境にマイナスにならないようにしていくか、という流れになっていっただけで、構造はまったく変わっていないんです。日本だけが、林業を短伐期・単一林という戦後の一時的な労働集約型のやり方にしていって、それがダメだから環境のための森林管理というように変節しているから、揺れている」

ようやく、その揺れを収めて、あるべき姿になろうとしているのがいまという時代なのだと思いたい。ただ、揺れてふりまわされているだけにはなりたくない。

その振幅を本筋に収めていく取り組みのひとつが富士森林再生プロジェクトなのだと思う。その決め手は「連携です」と梶山さんは強調する。それは、誰か、どこか、一カ所ががんばればそれでコト足りるのではない。現在の日本の森林の健全化は、とにかく人びとが連携をうまくとってサポートしていくやり方にしか活路はないという意味だと理解した。

♪財産としての人工林へ

美しく、気持ちが良く、人びとが英気を養う森林——田園風景とともに——が、林業という産業を基盤にしていることを感じ取ってきた後に読んだ梶山さんのドイツとの比較レポートは、全体像が見えるようにしてくれたという点でまことにタイムリーだった。そして、ドイツのみならず、そもそも林業先進地ではそれが「常識」であり、逆に言えば、そうしなければ現代林業だけでなく、環境保全も持続可能性も成り立たないという構造は、とてもわかりやすかった。スウェーデンを思い出しても、「まさしく」と思うからだ。

一方で、ラジアータパイン(マツの一種)やユーカリなどを一斉に人工林化して非常に早いサイクルで収穫できる適地では、徹底的な効率的・短期的林業が伸びている。しかし、残念ながら、日本のほとんどの地域は、何よりも人件費などの面で、そのような林業は成立しにくい。

つまり、日本はいろいろ考えれば、一〇〇年サイクルの長い年月を循環させながらさまざまな利点を複合的に得られる林業をめざすしかない。もちろん、違う森の利用がめざされれば、そのかぎりではないが。

一〇〇年を越す森は、人工林であるとか自然林であるとかの区別をとっぱらって美しい。それを二つの国で強烈に感じた。日本でもいくつかそういう林業経営をしている森に行きあって、何度もそう思った。

梶山さんは、長伐期でバリエーションをつくっていく林業が世界の常識であること、その状態は同時に人が楽しめる森になっていくこと、環境か林業かなんていう分け方がそもそもナンセンスであることを繰り返した。「世界の常識は日本の非常識」。そんな言いまわしをどこで聞いたか忘れたが、話を聞きながら私の頭のなかにはそれが何度も響いていた。

ときを刻む森をつくれれば、いろんな層でいろんなかかわり方ができる。もちろん、単純にいまの人工林の伐採時期を延ばせばいいわけではない。でも、とにもかくにも、そのことを理解し、そこを共通の合意として進まなければ、始まらない。

残念ながら日本は、「林業はもういらない。環境のための森林管理を行おう」という認識に傾いていると私は感じる。そう言いたくなる気持ちは、私にもあった。「林業はいらない」とは決して言えないが、「林業が基盤にある」と言い切ることはむずかしかった。その迷いは、ようやく消えようとしている。

さらに、これまでにも複数の人から言われていて、あらためて自覚し、認識したことがある。それは、戦後つくった一〇〇〇万ヘクタールの人工林は、負債ではなく偉大な財産としなければならないということだ。単一林で、間伐の手入れがひどく滞ってはいる。でも、いまからその規模の人工林をつくることは、不可能に近い。戦後のさまざまな条件がそろったからこそ成しとげられたのは、たしかだろう。

とにもかくにも、その膨大な積み重ねがいまあるのだ。四〇年、五〇年という林齢を迎えて、その「積み立て」の大きさを私たちは見る必要がある。いまから新たに始めるよりもずっとアドバンテージが高い、と理解すべきなのだ。ただし、そのまますべて人工林として維持し続けるという意味ではない。第5章で藤森さんが指摘しているように、人工林とし続ける地域、天然林に戻す地域などを注意深く精査しなければならない。

そのうえで、逆立ちしても時間は売り買いできないし、取り戻すことも早めることもできないという事実を、いま一度かみしめたい。すでに長い年月を確実に育ってくれた木々がある。理想的な姿ではないとはいえ、時間をそれだけ過ごしてきたということは財産なのだ。その財産をより豊かなものにしていくのか、あるいはなしくずしにしていくのか。

宿題はやはり終わらない。

あとがき

「森のことを書く人になる」と決断した一九九四年から、一〇年目を迎えるんだなと思った二〇〇三年の終わりに、今回の本の構想を考え始めました。日々接する情報、体験、知識……さまざまなものがきちんと整理されず、私の頭のなかで乱雑にとっちらかっている感覚をもつようになっていたことも、大きかったのです。「こりゃ、ひとつ棚卸《たなおろし》的にこの一〇年の区切りにしよう」と、まさに宿題にとりかかる気持ちになりました。それから足かけ三年。一冊の本を書くのにこんなに時間がかかるとは、よもや思いもしませんでした。

最初に取材をしたのは〇四年の四月なので、実に丸二年も前になってしまったわけです。けれど、結果的にはそれをそのまま掲載する状況にありました。この二年間に、取材したお話が古くなり、時代状況にマッチしない、とはならなかったからです。それは、一面では残念なことなのかもしれません。

つまり、いまの日本の林業の状態では、今回の本で取材した方たちのお話は、まだまだ新しい、先行モデルケースであり続けているからです。見方を変えれば、森や木をめぐる状況は、そうそう変わるものではないのでしょうか。

いずれにしても、問題が山積みの人工林については、これまで真正面から書くことを避けるところがありました。伏線のように絡めたりは毎度するのですが、本題とはしづらかったのです。今回はそれをメインテーマにしたために、足かけ三年となってしまったしだいです。必要だと思いつつも力及ばず、掲載を断念した部分も多々ありました。

また、「一〇年だし」と大上段にかまえてしまっていたことにも、気づかざるをえません。何をそうリキんでいたのだろうか、と最終段階にいたってようやくわが身を省みる余裕ができ、一気に原稿は流れ始めました。自分にあきれることしきりです。

でも、それらをひっくるめて、私にとっての一〇周年にふさわしい本になった気がします。未熟も非力も力の及ばなさもすべて感じながら、でも、前に進みたいという希望だけはとにかく離さない。そういう時間を過ごすプロセスが、まさにこの一〇年と重なりました。

ごく個人的な切り口からの森の見方ではありますが、読んでいただくみなさんにとって「自分にとっての森は」と考えるきっかけになる本になっていれば、こんな幸せなことはありません。

ご協力いただいた多くの方々と、家族に、言い尽くせぬ感謝をしつつ。

二〇〇六年春　桜の季節に

浜田久美子

〈著者紹介〉
浜田久美子（はまだ　くみこ）
1961年　東京都生まれ。
1985年　早稲田大学第一文学部卒業。
1990年　横浜国立大学教育学部大学院中退。
木のもつ力に触れたことから木と森をテーマにした著述業に転身。日々の暮らしのなかに木と森の接点がどうしたら増えるのかを探っている。
主　著　『森をつくる人びと』(コモンズ、1998年)、『木の家三昧』(コモンズ、2000年)、『森がくれる心とからだ——癒されるとき、生きるとき』(全国林業普及協会、2002年)、『スウェーデン 森と暮らす——木と森にかこまれた豊かな日々』(全国林業普及協会、2003年)。

森のゆくえ●林業と森の豊かさの共存

二〇〇六年五月一〇日　初版発行

著　者　浜田久美子

発行者　大江　正章
発行所　コモンズ
東京都新宿区下落合一-五-一〇-一〇〇二
TEL〇三（五三八六）六九七二
FAX〇三（五三八六）六九四五
振替〇〇一一〇-五-四〇〇一二〇
info@commonsonline.co.jp
http://www.commonsonline.co.jp/

印刷・加藤文明社／製本・東京美術紙工
乱丁・落丁はお取り替えいたします。
ISBN 4-86187-019-4 C0061

＊好評の既刊書